Unternehmerfamilien

FAQs
der NextGen

NextGens fragen –
NextGens antworten

Verantwortung
für Familienunternehmen
Gemeinnützige Stiftung

EQUA

KASTNER AG

Impressum

EQUA Stiftung
Belgradstraße 9
80796 München
www.equa-stiftung.de

Die Deutsche Bibliothek – CIP Einheitsaufnahme

EQUA-Stiftung (Hrsg.)
Unternehmerfamilien – FAQs der NextGen
ISBN 978-3-945296-98-1

Verantwortung
für Familienunternehmen
Gemeinnützige Stiftung

EQUA

Wissenschaftlicher Partner

Friedrichshafener
Institut für
Familienunternehmen | FIF

zeppelin universität
zwischen
Wirtschaft Kultur Politik

© 2022 EQUA Stiftung
Gestaltung, Satz und Druck: Kastner AG | Schloßhof 2-6 | 85283 Wolnzach
www.kastner.de

Fragen über Fragen – eine Einführung

Die meisten jungen Erwachsenen haben viele Fragen, auf die sie bei ihrer persönlichen Entwicklung eine Antwort finden müssen. Wer bin ich? Wer will ich sein? Welchen Beruf will ich später einmal ausüben? Welche Ausbildung brauche ich dazu? Wo will ich leben? Wie will ich leben? Möchte ich eine Familie gründen?

Stammt man aus einer Unternehmerfamilie, gibt es (noch) mehr Fragen. Und es sind vor allem Fragen, die nicht jeder nachvollziehen kann. Für Menschen ohne Unternehmerfamilienkontext ist schwer vorstellbar, welche Tragweite die Verantwortung für ein Unternehmen und dessen Mitarbeiter* besitzt und was es bedeutet, wenn sich Familienangelegenheiten und Unternehmensthemen fast untrennbar miteinander vermischen. Oft fühlen sich die jungen Erwachsenen aus Unternehmerfamilien deshalb mit den eigenen Zweifeln alleingelassen, zumal man schließlich nicht alles mit den Eltern besprechen kann oder will – gerade dann, wenn es sie (in-)direkt selbst betrifft.

In einer von der EQUA-Stiftung geförderten Langzeitstudie unter der Leitung von Prof. Dr. Reinhard Prügl am FIF (Friedrichshafener Institut für Familienunternehmen) an der Zeppelin Universität wurden und werden über 200 junge Menschen aus Unternehmerfamilien auf ihrem Weg begleitet. Wir haben aus dieser Studie die speziellen Zweifel und Fragen der NextGens über acht Jahre gesammelt, inhaltlich geclustert und dabei festgestellt, dass die meisten von ihnen sehr ähnliche Fragen bewegen. In einem ersten Schritt filterten wir also die 30 häufigsten Fragen junger Mitglieder aus Unternehmerfamilien heraus.

Dr. Rena Haftlmeier-Seiffert

In einem zweiten Evaluationsschritt ließen wir diese Fragen von 128 jungen Menschen aus Unternehmerfamilien nach ihrer Wichtigkeit bewerten. So fanden wir die fünfzehn wichtigsten FAQs, die sich junge Erwachsene mit diesem speziellen Hintergrund immer wieder stellen.

Dr. Dinah Spitzley

Zwar sind also die Fragen meist dieselben; die Antworten darauf fallen jedoch sehr unterschiedlich aus. Es gibt nämlich nicht „die richtige Antwort" oder „den perfekten Weg", denn jede Familie ist anders, hat eine andere Geschichte, vereint unterschiedliche Charaktere, diverse Mentalitäten, verschiedene Werte, ein eigenes Umfeld, kurz: hat die unterschiedlichsten Voraussetzungen und Bedingungen.

Auch wenn sich viele junge Menschen aus Unternehmerfamilien wünschen, einfache und schnelle Antworten auf ihre zum Teil komplizierten oder sogar komplexen Fragen zu erhalten, so erfüllen wir ihnen diesen Wunsch mit vorliegendem Buch nicht. Stattdessen machen wir ein anderes Angebot: Wir öffnen den Fächer der Möglichkeiten – denn wir sind davon überzeugt, dass es in der Regel insbesondere bei komplexeren Fragen mehrere (richtige) Antworten geben kann. Wir wollen also nicht nur eine Antwort geben, sondern eine Bandbreite an Antworten anbieten.

Deshalb führten wir 42 Interviews mit NextGens aus Unternehmerfamilien, um zu erfahren, welche Lösungen sie für sich auf die eine oder andere Frage gefunden haben. Die Antworten sind höchst unterschiedlich. Aus diesem Grund halten wir in vorliegendem Buch zu jeder FAQ-Frage meist mehr als fünf zum Teil sehr individuelle Antworten fest. So wird allen Interessierten gezeigt, wie unterschiedlich die Antworten auf ein und dieselbe Frage ausfallen können – und wie richtig sie im individuellen Fall sind, während sie in einer anderen Situation möglicherweise gar nicht passen würden. Die verschiedenen Antworten sind Angebote an die Leser, die eigenen Möglichkeiten zu reflektieren und so für sich eine gute Lösung zu entwickeln.

Die große Bandbreite an möglichen Lösungswegen soll auch Mut machen, sich von der Vorstellung zu verabschieden, den einen, objektiv richtigen Weg finden zu können; sie sollen vielmehr zum Verständnis darüber beitragen, dass viele gute Möglichkeiten vorhanden sind. Sie sollen weiterhin dazu anregen, einen persönlichen Lösungsweg zu entwickeln. Er muss „nur" zur eigenen Situation passen. Das tut er am besten, wenn man ehrlich zu sich selbst ist. Genau dies ist auch die Klammer um all die hier zusammengetragenen unterschiedlichen Antworten: Sie sind nicht objektiv richtig oder falsch, sondern sie sind ehrlich und authentisch – und daher subjektiv richtig.

In diesem Sinne wünschen wir den Lesern aus Unternehmerfamilien mit diesem Buch viel Erkenntnisgewinn und Mut zur eigenen, individuellen und subjektiven Antwort auf die FAQs der NextGens.

München, im Herbst 2022
Dr. Dinah Spitzley und Dr. Rena Haftlmeier-Seiffert (EQUA-Stiftung)

---

* Um des besseren Leseflusses willen und weil in der deutsche Sprache die männliche Form durchaus semantisch geschlechtsneutral verwendet wird, verzichten wir im Folgenden bewusst auf eine Genderschreibweise. Wir beziehen damit Frauen und Diverse ausdrücklich mit ein.

Ich finde, es
bringt unheimlich
viel, andere Geschichten
zu hören und zu reflektieren:
was passt für mich, was
passt für mich nicht?

Vanessa Weber

Inhalt

Entscheidung

Kommunikation

Kompetenzen

Welche Kompetenzen sollten Nachfolger haben?

Generationswechsel

Was sind die Herausforderungen beim Generationswechsel?

Rollenfindung

Wie finde ich meine eigene Rolle/Position in der Unternehmerfamilie und im Familienunternehmen?

Veränderung

Wie gestalte ich die nötigen Veränderungen im Familienunternehmen mit?

Familiendynamik

Wie gehen wir mit Familiendynamiken in unserer Unternehmerfamilie um?

Austausch

Was würde mir der Austausch mit anderen NextGens bringen?

Verantwortung

Welche Verantwortung habe ich gegenüber dem Familienunternehmen und der Unternehmerfamilie?

Generationendynamik

Wie gehen wir mit Generationendynamiken in unserer Unternehmerfamilie um?

Zusammenhalt

Wie kann ich den Zusammenhalt in unserer Unternehmerfamilie positiv beeinflussen?

Geschwisterdynamik

Wie gehen wir mit Geschwisterdynamiken in der Unternehmerfamilie um?

Krisen

Wie kann man mit Krisen im Familienunternehmen umgehen?

■■■ Verantwortung
■■■ für Familienunternehmen
■■■ Gemeinnützige Stiftung
EQUA

Nachfolge

Wie kann eine familieninterne Nachfolge in operativer Funktion im Unternehmen optimal vorbereitet und geregelt werden?

Isabella Ledl (31)

LEDL Rollladen + Sonnenschutztechnik GmbH

Generation:	*2. und 3. Generation*
Rolle in der Unternehmerfamilie:	*Prokuristin, Gesellschafterin*
Mitarbeiteranzahl:	*40*
Gründung:	*1969*

Als Isabellas Großvater seinen Handwerksbetrieb gründete, stellte er Rollläden her. Mittlerweile wird der Betrieb gemeinsam von Isabellas Eltern, ihrem Bruder und ihr geführt. LEDL bietet heute alles rund um das Thema Sonnenlicht und Beschattung von Gebäuden an. So reicht die Produktpalette von Rollladenkästen über Jalousien und Sonnenmarkisen bis zu Smart-Home-Steuerungen. Isabella ist gemeinsam mit ihrem Bruder 2017 in das Familienunternehmen eingestiegen. Sie sind bereits Gesellschafter und Prokuristen und werden das Unternehmen bald vollständig übernehmen und gemeinsam in die Zukunft führen.

Wie kann eine familieninterne Nachfolge in operativer Funktion im Unternehmen optimal vorbereitet und geregelt werden?

Wir haben ein Drei-Schritte-Modell entwickelt, damit mein Bruder und ich die operative Nachfolge gut antreten können. Im ersten Schritt orientierte ich mich erst einmal grundsätzlich im Unternehmen. Dabei habe ich das Tagesgeschäft erlebt, Kunden kennengelernt und überhaupt Verständnis für die Abläufe aufgebaut. Zudem übernahm ich schon kleinere, in sich geschlossene Projekte. Ich habe mich damals beispielsweise um den Digitalbonus gekümmert oder die Teilnahme am Umweltpakt Bayern initiiert. In einem zweiten Schritt bin ich dann in einzelne Abteilungen tiefer eingestiegen und habe zwei Jahre lang sehr intensiv den Vertrieb und die Produktion unserer Fertigteile betreut und dabei auch Digitalisierungsprojekte vorangetrieben. Jetzt mache ich gerade den dritten Schritt und arbeite mich in die Geschäftsführungsfunktion meiner Mutter ein. Diese verantwortet das Personal- und Finanzwesen, was ich dann übernehmen werde. Mein Bruder und mein Vater haben mit etwas zeitlichem Vorsprung einen ähnlichen Prozess durchlaufen.

Konkret haben wir das folgendermaßen umgesetzt: Wir haben extra einen Raum eingerichtet, in dem das jeweilige Duo, also mein Bruder und mein Vater, respektive meine Mutter und ich, ein oder zwei Jahre lang in einem Büro gemeinsam arbeiten. Das hat mindestens drei Vorteile: Erstens erlebt man das Tagesgeschäft hautnah und wächst ganz automatisch hinein, weil man beispielsweise jedes Telefonat mitbekommt und auch gleich darüber reden und sich abstimmen kann. Zweitens kann man die Türe einfach schließen, was es ermöglicht, auch schwierige Themen anzusprechen und zu diskutieren, die nur die Geschäftsführung etwas angehen. Und drittens kann man die notwendigen Veränderungen gemeinsam erarbeiten. So überträgt die alte Generation einerseits ihre Erfahrung ganz automatisch auf die junge und andererseits kann die junge Generation die alte bei nötigen Veränderungsprozessen mitnehmen.

Voraussetzung für dieses Modell ist wohl aber schon, dass wir ein relativ harmonisches Verhältnis haben und wir sehr gut zusammenarbeiten können, zu viert und auch zu zweit und in zwei Zweierteams.

Wir haben ein Drei-Schritte-Modell entwickelt, damit mein Bruder und ich die operative Nachfolge gut antreten können.

Isabella Ledl

Stephanie Kisslinger (36)

NEUERO Industrietechnik GmbH

Generation:	*2. und 3. Generation*
Rolle in der Unternehmerfamilie:	*Geschäftsführung, Marketing, Kommunikation, Personal*
Mitarbeiteranzahl:	*70*
Gründung:	*1914*

Das Maschinenbauunternehmen NEUERO Industrietechnik stellt Sondermaschinen für die Schüttgutbe- und -entladung von Schiffen im Hafen her. Stephanies Großvater übernahm in den 1990er-Jahren das Unternehmen. Seither befindet es sich im Familienbesitz und wird derzeit von Stephanies Vater geleitet. Stephanie, die Architektur studiert hat, ist zwar 2018 in das Familienunternehmen eingestiegen, zieht sich momentan aber langsam wieder aus der operativen Tätigkeit im eigenen Familienunternehmen zurück.

Wie kann eine familieninterne Nachfolge in operativer Funktion im Unternehmen optimal vorbereitet und geregelt werden?

Natürlich klafft eine Lücke zwischen einer optimalen Vorbereitung und Regelung für die operative Nachfolge im eigenen Unternehmen und wie es dann tatsächlich praktisch umgesetzt wird und in der Realität aussieht. Ich glaube, das wird wohl überall so sein.

In meinen Augen wäre es sehr wünschenswert, dass der Vorgänger gemeinsam mit dem Nachfolger eine Vorstellung über die zukünftige Rolle des Nachfolgers entwickelt; wenn sich also auch die Vorgängergeneration Gedanken macht und diese kommuniziert, dabei aber der nachfolgenden Generation trotzdem genug Spielraum lässt, um eigene Vorstellungen einzubringen. Bei uns war es leider anders. Obwohl ich immer wieder Feedbackgespräche von meinem Vater einforderte, musste ich meine eigene Rolle im Unternehmen selbst finden. Ich musste mich quasi selbst einarbeiten. Das habe ich Schritt für Schritt getan. Da ich als Architektin ja eine Quereinsteigerin in unserem Maschinenbauunternehmen war, machte ich zuerst ein Praktikum, um überhaupt die Zusammenhänge im Unternehmen kennenzulernen und zu verstehen. Danach übernahm ich dann ein konkretes (in sich abgeschlossenes) Projekt: die Gestaltung unserer neuen Website. Dabei habe ich vieles über das Unternehmen gelernt und Einblicke bekommen. Sukzessive hat sich dabei herausgestellt, dass ich die Marketingleitung übernehme. Das war nicht von Anfang an so geplant. Wir haben eher geschaut, welche Fähigkeiten ich mitbringe, worauf ich am meisten Lust habe, welche Kompetenzen ich besitze und wie sich diese mit dem Unternehmen verknüpfen lassen. Dabei habe ich dann bemerkt, dass ich mehr betriebswirtschaftliches Know-how benötige. Deshalb habe ich noch ein entsprechendes berufsbegleitendes Studium begonnen.

Leider war mein Weg ins Unternehmen offensichtlich suboptimal bzw. habe ich erkannt, dass meine Leidenschaft weiterhin der Architektur gilt und nicht dem Maschinenbau, weshalb ich für die operative Führung nicht geeignet bin. Ich ziehe mich deshalb schweren Herzens aus der operativen Tätigkeit wieder zurück.

Mittlerweile weiß ich, dass die Leidenschaft für die Branche entscheidend ist, um die operative Führung zu übernehmen.

Stephanie Kisslinger

Martina Reischmann (38)

REISCHMANN GmbH & Co. KGaA

Generation:	*5. und 6. Generation*
Rolle in der Unternehmerfamilie:	*NextGen, Sparringspartnerin*
Mitarbeiteranzahl:	*ca. 1.000*
Gründung:	*1860*

Martina Reischmann kommt aus einer bekannten Modehandelsdynastie im Süden Deutschlands. Nach verschiedenen Stationen in Textilunternehmen im In- und Ausland war es zunächst ihr Ziel, die operative Nachfolge im Familienunternehmen anzutreten. Am Ende eines halbjährigen Nachfolgeprozess entschied sie sich jedoch vorerst für einen Weg außerhalb des Familienunternehmens. Das Unternehmen wird heute nach wie vor von der Vorgeneration – also von ihrem Vater und ihren beiden Onkeln – geführt. Es gibt zehn potenzielle Nachfolger aus der sechsten Generation der Reischmann-Familie, die in Bezug auf Alter, Ausbildung und Nähe zum Unternehmen sehr divers sind. Martina fördert den Austausch innerhalb der Reischmann-NextGen, um den Weg für eine gelungene Nachfolge zu ebnen. Darüber hinaus hat sie ihre Berufung darin gefunden, andere NextGens aus Unternehmerfamilien dabei zu unterstützen, ihre Rolle im Familienunternehmen zu finden und sich ideal darauf vorzubereiten.

Wie kann eine familieninterne Nachfolge in operativer Funktion im Unternehmen optimal vorbereitet und geregelt werden?

Ein zentraler Erfolgsfaktor liegt darin, frühzeitig den Dialog mit den Familienmitgliedern zu suchen, damit unterschiedliche Perspektiven und Interessen thematisiert werden, bevor sich gegensätzliche Standpunkte verfestigen. Vor diesem Hintergrund habe ich vor gut einem Jahr angeregt, dass wir zehn uns einheitlich alle zwei Monate digital über Unternehmensthemen austauschen und gegenseitig updaten, wo wir persönlich stehen. Das schafft Nähe untereinander und wir erproben in gewisser Weise schon, wie es ist, sich als Team von Gesellschaftern mit dem Unternehmen zu befassen.

Daneben halte ich eine Familienverfassung für sehr wichtig. Wir haben darin z. B. geregelt, welche Anforderungen Nachfolger erfüllen müssen, die in die operative Führung einsteigen wollen, und auch, wie die NextGens in ihrer Entwicklung unterstützt werden. Die Familienverfassung führt uns als ein verbindlicher Leitfaden durch den gesamten Nachfolgeprozess und gibt damit Sicherheit und Planbarkeit.

Darüber hinaus ist es zentral, dass der Nachfolgeprozess als fair und professionell empfunden wird. Ich habe selbst erfahren, dass Nachfolge sehr emotional sein kann. Wir hatten Unterstützung durch einen externen Berater. Er hatte den neutralen Blick von außen, gepaart mit Experten-Know-how (Wie machen es andere Familien?). Er hat dafür gesorgt, dass jede Stimme gehört wurde, und einen Rahmen geschaffen, in dem wir lösungsorientiert agieren konnten.

Neben der Perspektive der Inhaberfamilie gibt es die individuelle Ebene. Die Frage nach den eigenen beruflichen Zielen und Plänen (Was will ich? Was kann ich?) hat mich ein Leben lang beschäftigt. Ich sehe die Verantwortung der NextGens darin, sich intensiv mit der Frage nach der eigenen Rolle auseinanderzusetzen.

Für mich war der Austausch innerhalb der Familie sowie mit einem Coach sehr wertvoll, um die Nachfolge zu klären.

Ein zentraler Erfolgsfaktor liegt darin, frühzeitig den Dialog mit den Familienmitgliedern zu suchen.

Martina Reischmann

Franziska Finger (27)

PACKSYS GmbH

Generation:	*1. Generation*
Rolle in der Unternehmerfamilie:	*Nachfolgerin*
Mitarbeiteranzahl:	*60*
Gründung:	*1993*

Franziska Finger wusste schon früh, dass sie das elterliche Unternehmen – ein Systemlieferant für pharmazeutische Primärverpackungen – übernehmen wird. Für Franziska war jedoch klar, dass sie nicht direkt in die Firma einsteigt, sondern zunächst Erfahrungen außerhalb sammelt – mit dem klaren Fokus auf Kompetenzen, die sie im familieneigenen Betrieb brauchen wird. So arbeitet sie momentan für den größten Lieferanten des eigenen Unternehmens. Derzeit wird das Familienunternehmen von ihrem Vater und einem externen Geschäftsführer geleitet, aber auch ihre Mutter ist dort als Prokuristin tätig.

Wie kann eine familieninterne Nachfolge in operativer Funktion im Unternehmen optimal vorbereitet und geregelt werden?

Da meine Eltern und ich (als Einzelkind) nie daran zweifelten, dass ich das Unternehmen übernehmen werde, war die Frage nicht, ob ich die Nachfolge antreten soll, sondern wie.

Für uns war klar, dass ich nach einem einschlägigen Studium zunächst externe Erfahrung benötige. Deshalb überlegte ich, ob ich für ein paar Jahre in die Beratung gehen sollte – denn dort lernt man viele Tools, die man später dann zu Hause einsetzen kann – oder ob ich lieber in einem Unternehmen der Branche arbeiten sollte. So würde ich zum einen spezifisches Know-how erwerben und zum anderen Beziehungen aufbauen, die mir und uns später von Nutzen sein würden. Letzteres erschien mir wichtiger. Also arbeite ich derzeit bei unserem größten Lieferanten aus dreierlei Gründen im Vertrieb: Erstens stellt Vertriebswissen für unser Familienunternehmen momentan eine Schlüsselqualifikation dar, zweitens kann ich bei unserem Hauptlieferanten Vertrauen in meine Person aufbauen und drittens ist es mir gleichzeitig möglich, Zugang zu einem wichtigen Netzwerk zu haben.

Wenn ich dann aber in unser Familienunternehmen einsteige, werde ich nicht gleich die Geschäftsführung übernehmen, sondern mich eher von unten hocharbeiten. Ich finde, man braucht Erfahrung, um Entscheidungen treffen zu können. Ich muss mir das Firmenwissen erst einmal aneignen, indem ich mir alle Abteilungen anschaue und in den verschiedenen Bereichen mitarbeite. Das ist wichtig, um mir selbst, aber auch meinem Vater, meiner Mutter und den Kollegen zu zeigen, dass ich es kann. Außerdem haben wir eine zweite Firma gegründet, die ich dann betreuen beziehungsweise leiten werde, um so Führungserfahrung zu sammeln.

Die Übergabephase werden wir anders gestalten, als sie mein Vater selbst erlebt hat, denn mein Opa hatte das Unternehmen von heute auf morgen verlassen. Auch wenn mein Vater es irgendwie gut fand, dass ihm niemand reinredete, war das ein krasser Cut. Wir wollen den Übergang deshalb so gestalten, dass er peu à peu weniger arbeitet und dann zu einem von ihm definierten Zeitpunkt ganz aussteigt. Das ist für uns sinnvoll, denn ich glaube nicht, dass wir große Probleme in der Zusammenarbeit haben werden.

Wenn ich einsteige, werde ich nicht gleich die Geschäftsführung übernehmen, sondern mich von unten hocharbeiten.

Franziska Finger

Sebastian von Landsberg-Velen (32)

**Ferienzentrum Schloss DANKERN GmbH & Co. KG |
Schloss ARFF Event GmbH & Co. KG**

Generation:	*3. Generation*
	(Ferienzentrum Schloss DANKERN)
Rolle in der Unternehmerfamilie:	*Geschäftsführung, Gesellschafter*
Mitarbeiteranzahl:	*500*
Gründung:	*12. Jahrhundert (Adelsgeschlecht),*
	1970 (Ferienzentrum Schloss DANKERN)

Sebastian stammt aus einem alten Adelsgeschlecht, dessen Wurzeln bis ins 12. Jahrhundert zurückreichen. Adelsfamilien waren mit der land- und forstwirtschaftlichen Nutzung ihres Grundbesitzes schon immer Unternehmer. Wie flexibel-unternehmerisch die Familie Landsberg-Velen heute denkt, zeigt die aktuelle Nutzung ihrer Schlösser. Schloss DANKERN ist mittlerweile eine der größten Ferienanlagen Deutschlands. Schloss ARFF wird als Eventlocation sowie Renn- und Freizeitstall betrieben. Das vom Großvater (Manfred Freiherr von Landsberg-Velen) gegründete Ferienzentrum Schloss DANKERN wird heute in dritter Generation von Sebastians Bruder Christian geführt. Sebastian selbst leitet die Eventlocation und die Stallungen von Schloss ARFF. Daneben arbeitete er mehrere Jahre für die KOELN-MESSE und verantwortete in diesem Zusammenhang die operative Leitung des deutschen Pavillons auf der Expo 2020.

Wie kann eine familieninterne Nachfolge in operativer Funktion im Unternehmen optimal vorbereitet und geregelt werden?

Wir haben durch die Tradition eigentlich eine 900-jährige Vorbereitung, da in Adelsdynastien in der Regel an den ältesten Sohn (wenn vorhanden) vererbt wurde und dieser dann die Gesamtverantwortung übernahm. Trotzdem haben meine Eltern keinen Unterschied zwischen dem unausgesprochen designierten Nachfolger und den Nachgeborenen gemacht. Im Gegenteil: Sie haben das alte Muster durchbrochen und uns alle drei auf eine spätere Funktion in der Unternehmerfamilie vorbereitet, indem wir Kinder sehr früh in die Unternehmungen eingebunden wurden. So haben wir alle drei mitgeholfen, egal ob wir Müll sammeln mussten oder die Farbe der Rutsche im Freibad mitbestimmen durften. Aber auch die Buchungszahlen oder die Umsätze des Ferienzentrums wurden mit uns schon sehr früh und offen besprochen. Ja, es herrschte absolute Transparenz. Dadurch bin ich überzeugt, dass frühe und transparente Kommunikation der wichtigste Faktor ist, um die Nachfolge in der Unternehmerfamilie erfolgreich zu gestalten.

Obwohl mein älterer Bruder das Kernunternehmen Ferienzentrum Schloss DANKERN bekam, wurde mit meiner Schwester Valerie und mir immer offen über andere Geschäftsmöglichkeiten diskutiert. Als sich 2015 dann die Chance ergab, Schloss ARFF von meiner Familie mütterlicherseits zu erwerben, war mein Bruder noch nicht in Schloss DANKERN tätig und ich hatte gerade meinen Job bei der KOELNMESSE angefangen. Also übernahm er nach vorheriger Absprache die Projektentwicklung von Schloss ARFF, bevor ich es 2020 von ihm übernahm. Hinsichtlich der Übergabe an mich wurde aber nicht viel geregelt, da eine reibungslose Übergabe/Übernahme für uns selbstverständlich war.

Wir haben durch die Tradition eine 900-jährige Vorbereitung.

Sebastian von Landsberg-Velen

Hermann Leithold (33)

AGRICON GmbH

Generation:	*1. und 2. Generation*
Rolle in der Unternehmerfamilie:	*Geschäftsführung*
Mitarbeiteranzahl:	*60*
Gründung:	*1997*

AGRICON bietet Dienstleistungen für die Landwirtschaft an. Hier werden (digitale) Lösungsansätze entwickelt, um den Pflanzenanbau möglichst passgenau, individuell, effizient und ressourcenschonend zu gestalten. Hermann Leithold arbeitete schon parallel zu seinem agrarwissenschaftlichen Masterstudium als Entwicklungsleiter im Familienunternehmen. 2019 trat er dann neben seinem Vater in die Geschäftsleitung ein. Hermann hat drei Geschwister, die aber andere Lebensentwürfe verfolgen. Wie die Unternehmensanteile in die nächste Generation übertragen werden, ist bisher noch ungeklärt.

Wie kann eine familieninterne Nachfolge in operativer Funktion im Unternehmen optimal vorbereitet und geregelt werden?

Obwohl bei mir der Einstieg ins Familienunternehmen alles andere als lehrbuchmäßig und eher ungeplant verlief, hat er trotzdem sehr gut geklappt.

Aber der Reihe nach: Als Kind wollte ich Astronaut oder Kybernetiker werden. Denn obwohl ich direkt in der Firma aufwuchs, konnte ich mir nicht vorstellen, was wir eigentlich machten, da wir sehr IT-lastig sind und alle immer nur am Computer saßen. Als das Abitur näher rückte, musste ich mich dann entscheiden. Ehrlich gesagt reizte mich am meisten die Idee, aus dem Unternehmen ein richtiges Familienunternehmen zu machen und mit meinem Vater zusammenzuarbeiten. Zur Landwirtschaftsbranche, also zu unserem eigentlichen Unternehmenszweck, hatte ich hingegen bis dahin wenig Berührungspunkte.

Bei uns galt die Regel, dass die erste Ausbildung die Eltern finanzieren – egal, was wir machen wollten. Es gab nur eine Ausnahme: Wenn es in Richtung des Familienunternehmens ging, dann sollte es mit der praktischen Ausbildung beginnen, denn man sollte alles von der Pike auf lernen. Ich begann also mit einem Volontariat in der Landwirtschaft. Da lernte ich

Traktor zu fahren, Kühe zu melken, Schweine zu verladen etc. Ich kann nur jedem empfehlen, sehr früh direkt bei und mit seinen Kunden zu arbeiten. Nicht nur in der Landwirtschaft, sondern in jeder Branche gibt es nämlich einen spezifischen „Stallgeruch", den man unbedingt mitbringen sollte. Während meines anschließenden Studiums wurde dann die Position unseres Entwicklungsleiters frei. Aufgrund unserer Spezialisierung und der Möglichkeit, in Teilzeit weiter zu studieren, wurde mir der Einstieg angeboten. Das war natürlich eine riesige Chance, aber auch eine Herausforderung. Zwar hätte ich vielleicht noch bei anderen Unternehmen Erfahrungen sammeln sollen, aber das Leben entwickelt sich oft anders als geplant. Und genau das bedeutet Unternehmertum: nämlich die Dinge zu nehmen, wie sie kommen, und schnell zu reagieren.

Mit 31 Jahren wurde mir dann die Mit-Geschäftsführung übertragen.

Eine Nachfolge sollte zwar definitiv gut geplant sein, trotzdem muss man als Unternehmer und Nachfolger auch flexibel auf Gegebenheiten reagieren.

Unternehmertum bedeutet, die Dinge zu nehmen, wie sie kommen, und schnell zu reagieren.

Hermann Leithold

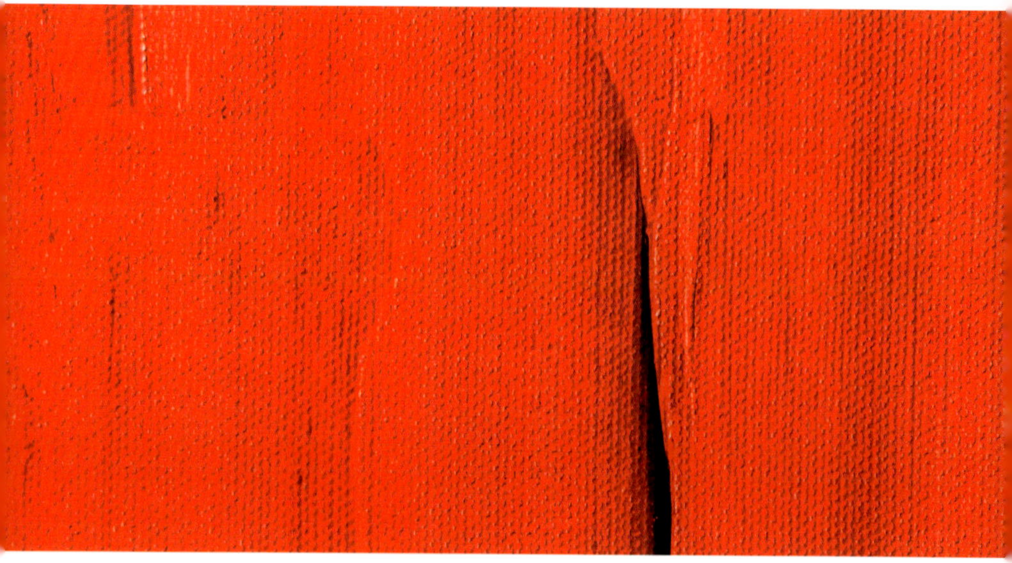

EQUA

Verantwortung
für Familienunternehmen
Gemeinnützige Stiftung

Führung

Wie sieht gute Führung im
Familienunternehmen aus?

Johannes Fritz (31)

ENSINGER Mineral-Heilquellen GmbH

Generation:	*4. Generation*
Rolle in der Unternehmerfamilie:	*Leiter Verkaufsinnendienst und*
	Online-Bereiche, Gesellschafter
Mitarbeiteranzahl:	*175*
Gründung:	*1952*

Gute Führung orientiert sich in Familienunternehmen an den Mitarbeitern und nicht an formal festgelegten Hierarchien oder Funktionen.

Johannes Fritz

Die ENSINGER Mineralquellen wurde 1952 gegründet und befindet sich seit vier Generationen in der Hand der Großfamilie Fritz. Viele Familienmitglieder waren und sind im Unternehmen tätig. So auch Johannes Fritz, der als erster der vierten Generation 2016 eine aktive Rolle übernahm. Um einen harmonischen Generationswechsel zu ermöglichen, erarbeitet die gesamte Familie derzeit eine Familienstrategie.

Wie sieht gute Führung im Familienunternehmen aus?

Man könnte meinen, dass sich die Führung eines Familienunternehmens nicht so sehr von der Führung eines Nicht-Familienunternehmens unterscheidet, zumal ja jedes Unternehmen irgendwie organisiert und damit geführt werden muss. Das mag zutreffen, wenn man die Perspektive der Führenden einnimmt. Betrachtet man es aber aus dem Blickwinkel der Geführten, dann wird man feststellen, dass in der Belegschaft eine Führung durch die Eigentümerfamilie sehr positiv bewertet wird. Das ist zwar kein Selbstläufer, aber wenn man mit der Belegschaft eng zusammenarbeitet, nah an ihr dran ist, ein gutes Vorbild darstellt, auch so handelt, wie man redet, sich wirklich einsetzt und nicht nur Geld abgreift, dann kann ein ganz tiefes Vertrauen entstehen, das den Mitarbeitern Sicherheit gibt.

Gute Führung orientiert sich meines Erachtens in Familienunternehmen daher zuallererst an den Mitarbeitern und nicht an irgendwelchen formal festgelegten Hierarchien oder Funktionen. Es ist wohl tatsächlich typisch für Familienunternehmen, dass man sich weniger an formale Entscheidungsstrukturen hält, als vielmehr den fähigen Mitarbeitern Entscheidungskompetenzen zugesteht. Das geht natürlich nur über gegenseitiges Vertrauen, welches eben über die gemeinsame Arbeit und einen offenen, respektvollen Umgang entsteht. In Familienunternehmen hat man schon früh verstanden (und versteht es in der jungen Generation immer mehr), dass es nicht nur viel schöner und einfacher ist, in zufriedenen und vertrauensvollen Beziehungen zu arbeiten, sondern dass es sogar essenziell für das Überleben von Familienunternehmen sein kann, da man dadurch sehr viel schneller agieren oder reagieren kann. Es ist also viel unternehmerischer, wenn man die Mitarbeiter einbezieht und sich an ihnen orientiert.

Zur guten Führung eines Familienunternehmens gehört es also auch, durch Mitarbeiterorientierung in gegenseitigem Vertrauen, gegenseitiger Offenheit und der Verteilung der Entscheidungsgewalt ein schnelles unternehmerisches Handeln zu ermöglichen.

Helen Hodeige (31)

ROMBACH Firmengruppe

Generation:	*4. Generation*
Rolle in der Unternehmerfamilie:	*Asset Managerin*
Mitarbeiteranzahl:	*100*
Gründung:	*1936*

> ## Die besten Führungskräfte wissen genau, wie es sich anfühlt, an „vorderster Front" zu kämpfen.

Helen Hodeige

Im April 1936 wurde ROMBACH von Helens Urgroßvater als Verlag einer Freiburger Tageszeitung gegründet. Heute besteht die ROMBACH Firmengruppe aus zwei Verlagen, einer Druckerei, drei Buchhandlungen, zwei Konzertveranstaltern, einer Agentur für digitale Medien und einer Immobiliengesellschaft.

Helen wollte zunächst mit dem Familienunternehmen nichts zu tun haben und wurde Kriminalpolizistin. Doch das änderte sich mit der Geburt ihres ersten Kindes. Heute ist sie in der Holding tätig und verwaltet die Immobilien der Firmengruppe. Der Generationenwechsel ist noch nicht vollzogen. Das Familienunternehmen wird nach wie vor von ihrem Vater und dem externen Geschäftsführer geleitet. Helen war bereits in unterschiedlichen Aufgabenfeldern und unterschiedlichen Funktionen im Unternehmen tätig.

Wie sieht gute Führung im Familienunternehmen aus?

Es kommt mir jetzt in unserem Unternehmen zugute, dass ich bei der Kriminalpolizei unterschiedliche Führungsstile kennengelernt habe. Auch wenn ich durchaus ganz tolle Führungskräfte und Führungsstile erlebt habe, so lernte ich doch am meisten durch negative Beispiele. So wurde einmal ein Kollege bei einer Vernehmung von einem jungen Intensivtäter ständig geduzt. Der ältere Polizist regte sich wahnsinnig darüber auf, dass das respektlos sei und forderte das „Sie" ein. Natürlich ohne Erfolg. Denn er hätte eine gemeinsame Ebene finden, eine Brücke bauen müssen, um Zugang zum Beschuldigten zu bekommen. So hätte er sich Autorität verschafft, anstelle mehr Respekt einfach leer einzufordern.

Genauso habe ich bei der Kriminalpolizei gelernt, dass gute Führung nicht nur aus theoretischem Wissen besteht, sondern aus praktischer Kenntnis am Ort des Geschehens – und das habe ich im wörtlichen Sinne erfahren. So kämpften wir einmal in voller Montur, mit Helmen und herabgelassenem Visier bei einem Einsatz an vorderster Front, wurden bespuckt und mit Bierflaschen beworfen. In dieser Situation bekamen wir von unserem Chef, der im klimatisierten Büro am Schreibtisch saß und eine Cola trank, ins Ohr gesagt: „Anweisung: die Visiere hochklappen und die Helme abziehen. Das wirkt deeskalierend." Diese Anweisung hätte er sicher nicht gegeben, wenn er vor Ort gewesen wäre und die Aggression uns gegenüber gespürt hätte.

Deshalb sind die besten Führungskräfte meiner Erfahrung nach diejenigen, die genau wissen, wie es sich anfühlt, „an vorderster Front" zu kämpfen. Und wenn ich das auf Familienunternehmen übertrage, dann bedeutet das, dass ich mich als gute Führungskraft auf allen Ebenen genug auskennen muss und keine Entscheidungen von oben herab treffen darf. Sie muss nicht alle Aufgaben selbst erledigen können, aber sie muss wissen, was es bedeutet, diese Aufgaben zu erledigen, damit sie optimieren, kritisieren, aber auch loben kann. Deshalb bedeutet gute Führung für mich: professionelle Nähe bei persönlicher Distanz.

Hermann Leithold (33)

AGRICON GmbH

Generation:	*1. und 2. Generation*
Rolle in der Unternehmerfamilie:	*Geschäftsführung*
Mitarbeiteranzahl:	*60*
Gründung:	*1997*

**Es gibt nicht *den* Führungsstil,
es gibt nur *deinen*
Führungsstil.**

Hermann Leithold

AGRICON bietet Dienstleistungen für die Landwirtschaft an. Hier werden (digitale) Lösungsansätze entwickelt, um den Pflanzenanbau möglichst passgenau, individuell, effizient und ressourcenschonend zu gestalten. Hermann Leithold arbeitete schon parallel zu seinem agrarwissenschaftlichen Masterstudium als Entwicklungsleiter im Familienunternehmen. 2019 trat er dann neben seinem Vater in die Geschäftsleitung ein. Hermann hat drei Geschwister, die aber andere Lebensentwürfe verfolgen. Wie die Unternehmensanteile in die nächste Generation übertragen werden, ist bisher noch ungeklärt.

Wie sieht gute Führung im Familienunternehmen aus?

Du musst einen authentischen Führungsstil haben!
Das klingt vielleicht abgedroschen und jeder hat es bestimmt schon unzählige Male gehört – aber mir wird immer stärker bewusst, wie viel Wahrheit darin steckt. Es gibt nicht *den* Führungsstil, es gibt nur *deinen* Führungsstil.

Mein Führungsstil war von Anfang an von Transparenz im Entscheidungsprozess und dem Einfordern von Eigenverantwortung geprägt. Transparente Entscheidungen bedeuten für mich eine klare Argumentation, warum wir was machen. Umgekehrt heißt das aber auch, dass man alles in Frage stellen sollte, wenn es keine logische Begründung dafür gibt. Das gilt für weitreichende strategische Fragen genauso wie beispielweise für die ganz konkrete Gestaltung von Arbeitsplätzen o. ä. Unter Eigenverantwortung verstehe ich, dass ich von allen Beteiligten umsichtiges Handeln und Eigeninitiative erwarte. Das Gegenteil davon ist Mikromanagement. Das fühlt sich zwar sicher oft gut an, weil man denkt, alles im Griff zu haben, führt aber nur in die Paradoxie, so dass dann der treffende Satz gilt: „Der Chef ist sein bester Mitarbeiter."

Natürlich hatte ich zu Beginn meiner Karriere die klassischen Managementratgeber gelesen. Da klang alles immer so einfach und locker. Die direkte Umsetzung fiel mir dann hingegen eher schwer. Mittlerweile ist mir bewusst, dass es weder Erfolgsformeln gibt noch ein stumpfes Kopieren von anderen – wenn auch erfolgreichen – Menschen zum Erfolg führt.

Eine Coaching-Ausbildung im letzten Jahr regte mich an, darüber nachzudenken, was mich antreibt, warum ich mich verhalte, wie ich mich verhalte und warum ich führe, wie ich führe. Das empfehle ich seitdem jedem – sowohl beruflich als auch privat. Denn nur wenn man seine eigene Persönlichkeit kennt, kann man authentisch sein. Nur wenn man sich seiner Persönlichkeit bewusst ist, kann man einen authentischen Führungsstil entwickeln. Ich hatte vorher vieles intuitiv und einfach durch Ausprobieren getan. Hätte ich mir früher bewusst gemacht, wer ich bin und wie ich führen sollte, dann hätte ich mir so manche harte Lektion ersparen können.

Stephanie Kisslinger (36)

NEUERO Industrietechnik GmbH

Generation:	*2. und 3. Generation*
Rolle in der Unternehmerfamilie:	*Geschäftsführung, Marketing,*
	Kommunikation, Personal
Mitarbeiteranzahl:	*70*
Gründung:	*1914*

Es kommt nicht so sehr darauf an, dass der
Geschäftsführer aus der Unternehmerfamilie
stammt, sondern dass er
eine Leidenschaft für
das Unternehmen
empfindet.

Stephanie Kisslinger

Das Maschinenbauunternehmen NEUERO Industrietechnik stellt Sondermaschinen für die Schüttgutbe- und -entladung von Schiffen im Hafen her. Stephanies Großvater übernahm in den 1990er-Jahren das Unternehmen. Seither befindet es sich im Familienbesitz und wird derzeit von Stephanies Vater geleitet. Stephanie, die Architektur studiert hat, ist zwar 2018 in das Familienunternehmen eingestiegen, zieht sich momentan aber langsam wieder aus der operativen Tätigkeit im eigenen Familienunternehmen zurück.

Wie sieht gute Führung im Familienunternehmen aus?

Viele denken ja, dass ein Familienunternehmen möglichst von einem Mitglied der Unternehmerfamilie geführt werden sollte. Diese Vorstellung entspricht weitestgehend sowohl dem Fremdbild als auch dem Selbstbild einer optimalen Führung in Familienunternehmen. Das mag in vielen Fällen stimmen, aber meines Erachtens ist es nicht zwingend richtig.

Warum?

Bei einer solchen Vorstellung von guter Führung eines Familienunternehmens wird quasi blind und unreflektiert unterstellt, dass das gesamte Herzblut des geschäftsführenden Gesellschafters am Unternehmen hängt. Das ist genau der springende Punkt. Es kommt nämlich nicht darauf an, dass der Geschäftsführer aus der Unternehmerfamilie stammt, sondern dass er eine Leidenschaft für die Produkte, für das Unternehmen empfindet. Dies ist vielleicht in der eigenen Unternehmerfamilie aufgrund einer entsprechenden Sozialisation häufiger anzutreffen, muss aber nicht unweigerlich so sein. Diese Leidenschaft, dieses Herzblut kann durchaus auch ein Fremdgeschäftsführer entwickeln.

Es ist meines Erachtens also gleichgültig, ob die Führung eines Familienunternehmens in der Hand der Eigentümerfamilie oder in der eines angestellten Geschäftsführers liegt. Es muss allerdings gewährleistet sein, dass die Geschäftsführung erstens Verantwortung für die Mitarbeiter übernimmt, zweitens ein großes spezifisches Know-how besitzt, drittens eine tiefe Leidenschaft für das Unternehmen empfindet und viertens die Werte und Ziele der Eigentümerfamilie und der Belegschaft teilt. Wenn diese vier Aspekte von einem Fremdgeschäftsführer erfüllt werden, kann er besser führen als ein Familienmitglied, dem Know-how, Herzblut und die richtige Überzeugung fehlen.

Isabel Grupp (35)

PLASTRO Mayer GmbH

Generation:	*2. und 3. Generation*
Rolle in der Unternehmerfamilie:	*Geschäftsführung*
Mitarbeiteranzahl:	*250*
Gründung:	*1957*

Gute Führung bedeutet für mich, klar zu kommunizieren, andere zu respektieren und zu integrieren.

Isabel Grupp

1957 diversifizierte die Textilfirma TRIGEMA in die Kunststoffbranche, um ein weiteres Standbein aufzubauen. Dr. Franz Grupp leitete dieses Tochterunternehmen und spaltete es im Sinne einer Realteilung 1976 vom Textilunternehmen als eigenständige Gesellschaft ab. Schon wenig später, im Jahr 1979, folgte ihm sein Sohn Johannes in die Geschäftsführung der PLASTRO Mayer GmbH. 2011 trat dessen Tochter Isabel als Trainee in das Familienunternehmen ein. Sie ist mittlerweile gemeinsam mit ihrem Vater in der Geschäftsleitung.

Wie sieht gute Führung im Familienunternehmen aus?

Natürlich bin ich nicht gleich in eine Führungsposition in unserem Unternehmen gekommen, sondern allmählich hineingewachsen. Dabei habe ich nach und nach ein Gespür dafür entwickelt, was für mich gute Führung in unserem Familienunternehmen bedeutet.

Zuallererst bedeutet sie für mich, die Mitarbeiter zu verstehen. Wie ist der Spirit? Wer sind die Leader? Wer sind die „Quertreiber" mit den unbequemen (aber nützlichen) Meinungen? In einem zweiten Schritt geht es darum zu akzeptieren, dass es um „Führung unter Emotionen" geht. In Familienunternehmen gibt es ja keine klassischen Konzernstrukturen mit einer ausschließlichen Fokussierung auf die Performance, sondern hier haben wir es immer mit „Gesamtpaketen" zu tun, bei denen die Leistung in Bezug zu den Menschen mit ihren Fähigkeiten und Bedürfnissen gesetzt wird. Der Mensch wird dabei als ganzer Mensch gesehen, der auch eine private Seite hat, mit einer Geschichte, die ihn beeinflusst, und nicht nur eine Unternehmensfunktion. Wenn man das berücksichtigt, dann entwickelt sich eher ein familiäres Miteinander. Dann kann man auch besser auf Augenhöhe kommunizieren. Das ist mir sehr wichtig: den Mitarbeitern auf Augenhöhe zu begegnen.

Im Führungsstil unterscheide ich mich etwas von meinem Vater. Er sieht zwar auch immer den ganzen Menschen, aber er kontrolliert dann doch lieber sehr engmaschig. Ich hingegen will mit dem ganzen Menschen im Team arbeiten. Ich lasse den Mitarbeitern deshalb mehr Freiheiten, fordere dann aber auch mehr Verantwortungsübernahme. Die ältere Generation von Mitarbeitern tut sich da manchmal etwas schwer, weil sie es anders gewohnt ist. Die neue Generation fühlt sich allerdings ausgesprochen wohl. Diese Mitarbeiter freuen sich, wenn man ihnen etwas zutraut – auch oder gerade weil sie manchmal unbequeme oder andere Meinungen vertreten, was ja letztlich sehr befruchtend für das Unternehmen sein kann. Ja, gute Führung bedeutet auch zu respektieren und zu integrieren.

Gute Führung im Familienunternehmen ist deshalb insbesondere „Führung unter Emotionen". Und das heißt auch: Wer sich selbst unter starker Emotion gut führen kann, ist auch in der Lage, andere unter Emotion zu führen. Das ist eine wichtige Eigenschaft für einen Leader.

Glenn Büter (23)

G. BÜTER Bauunternehmen GmbH

Generation:	*3. Generation*
Rolle in der Unternehmerfamilie:	*NextGen*
Mitarbeiteranzahl:	*110*
Gründung:	*1934*

Eine große Herausforderung ist erstens zu delegieren und zweitens Mitarbeitende zu Führungspersonen weiterzuentwickeln.

Glenn Büter

Das G. BÜTER Bauunternehmen wird heute von Glenns Vater und einem Fremdgeschäftsführer geleitet. Glenn ist nah am Familienunternehmen aufgewachsen und fühlt sich diesem sehr verbunden. Seine Leidenschaft galt jedoch schon früh dem Kochen. Bereits während der Schulzeit bot er mit seinem eigenen Unternehmen Private Cooking Events und Kochkurse an, bevor er nach dem Abitur eine Kochausbildung in mehreren Sternerestaurants absolvierte und danach ein Studium der Wirtschaftswissenschaften begann. Die Kulinarik liegt ihm weiterhin am Herzen. So entwickelte sich aus den Private Cooking Events ein Weinhandel, den er bis heute betreibt. Ob Glenn oder sein Bruder im Familienunternehmen operativ tätig werden, ist völlig offen, zumal ihre Eltern noch vergleichsweise jung sind.

Wie sieht gute Führung im Familienunternehmen aus?

Da ich selbst nicht in unserem Familienunternehmen tätig bin, kann ich diese Frage nur aus der Außenperspektive beantworten, wenngleich ich dem Unternehmen natürlich nahestehe.

Unser Bauunternehmen ist durch meine Eltern sehr gewachsen. Zum Zeitpunkt der Übernahme hatte es 18 Mitarbeitende, heute sind es 110. Ursprünglich lag die gesamte Führungsverantwortung (fast selbstverständlich) bei meinem Vater als alleinigem Gesellschafter. Auch wenn das Betriebsklima ein recht familiäres ist und mein Vater von niemandem gesiezt wird – weder von den Mitarbeitenden im Büro noch von jenen auf dem Bau –, war die Führungsstruktur früher relativ hierarchisch aufgebaut und auf ihn zugeschnitten.

Mit dem Wunsch und der Notwendigkeit, Verantwortung zu delegieren, fand hier in den letzten Jahren eine Veränderung statt. Teams wurden gebildet und jedem eine leitende Person vorangestellt. Das sollte zum einen eigenverantwortliches Arbeiten innerhalb der Teams fördern und zum anderen meinen Vater entlasten. Übersehen wurde dabei allerdings, dass viele der Teamleitungen zwar fachlich auf ihrem Gebiet sehr kompetent waren, Führung von Kollegen jedoch nie gelernt haben. Folglich gab es trotz unserer familiären Unternehmenskultur und eines ausgeprägten Gemeinschaftsgefühls Spannungen zwischen der Geschäftsleitung, den Teamleitungen und den Teams – hier trafen enttäuschte Erwartungen der Geschäftsleitung auf Überforderung der Teamleitungen.

Eine große Herausforderung der Führung in wachsenden Familienunternehmen ist es also, Führung erstens zu delegieren und zweitens Mitarbeitende zu Führungspersonen auszubilden und weiterzuentwickeln. Gerade durch unseren Fremdgeschäftsführer sind wir in dieser Hinsicht auf einem guten Weg.

Norman Koerschulte (41)

KL-GROUP | KOERSCHULTE + Werkverein

Generation:	*3. und 4. Generation*
Rolle in der Unternehmerfamilie:	*Geschäftsführung*
Mitarbeiteranzahl:	*50*
Gründung:	*1920*

Mit der Fahne in der Hand vorneweg laufen! So sieht gute Führung im Familienunternehmen aus.

Norman Koerschulte

Karl und seine Frau Klara Koerschulte gründeten vor gut 100 Jahren in Lüdenscheid ein Handelsunternehmen für Werkzeug und Industriebedarf. Heute besitzt die KL-GROUP drei Standorte und bietet ein breites Produktsortiment aus den Bereichen Verbindungselemente, DIN-Normteile, Befestigungstechnik, Hand- und Elektrowerkzeuge, Schweißtechnik, Arbeitsschutz, Betriebsausstattung und Zerspanungstechnik an. Das Unternehmen wird derzeit von vier Geschäftsführern geleitet, zwei aus der älteren dritten Generation, zwei aus der nachfolgenden vierten Generation. Die Unternehmenskultur ist sehr dynamisch, hochinnovativ und von einem stark unternehmerischen Geist der jungen Generation geprägt.

Wie sieht gute Führung im Familienunternehmen aus?

Mit der Fahne in der Hand vorneweg laufen! So sieht in meinen Augen gute Führung im Familienunternehmen aus. Denn letzten Endes lebt das ganze Unternehmen gerade im (kleinen) Mittelstand davon, dass die Unternehmer führen.

Um als Vorbild mit gutem Beispiel voranzugehen, muss man Leidenschaft besitzen und die Energie und auch den Willen dazu haben, tatsächlich führen zu wollen.

Doch neben dem Wollen geht es auch darum, es zu können. Um aber gut führen zu können, muss man zuallererst einmal sich selbst führen. Und das ist gar nicht so leicht. Zum Zweiten muss man es schaffen, andere zu motivieren, damit sie gerne folgen. Und zum Dritten muss eine gute Führung auch inhaltliches Know-how besitzen, denn Chefsachen kann und darf man nicht delegieren.

Aber woher weiß ich, ob ich wirklich eine Führungspersönlichkeit bin? Ob ich mich selbst gut führe und ob mir andere gerne folgen? Vielleicht kämpfe ich ja mit verdecktem Visier und male mir ein geschöntes Selbstbild? Deshalb benötigt man immer wieder ein ehrliches Feedback. Allerdings ist es nicht ganz leicht, ein solches zu bekommen. Denn wer sagt dem Chef schon ehrlich, was er von ihm hält? In meinen Augen eignen sich als Feedback-Geber persönlich und finanziell unabhängige Mitglieder des Unternehmensbeirats. Denn sie verstehen einerseits das Unternehmen, haben aber durchaus auch eine Perspektive von außen. Außerdem können gegebenenfalls andere Unternehmer, die man im Laufe der Zeit kennengelernt hat, ein ehrliches Feedback geben, wenn man sie darum bittet. Denn auch sie wissen, was Unternehmertum bedeutet und können sich ein Bild von außen machen.

Gute Führung hat für mich letztendlich aber immer auch etwas mit Ehrlichkeit, Authentizität und Direktheit zu tun. Ganz wichtig ist dabei, eine entsprechende Firmenkultur zu etablieren und damit Bedingungen zu schaffen, dass die Geführten die Vorgaben der Führung auch gern und gut umsetzen können und wollen. Sonst läuft jede Führung ins Leere.

Florian Rehm (44)

**Mast-JÄGERMEISTER SE |
weitere Unternehmen**

Generation:	*5. Generation*
Rolle in der Unternehmerfamilie:	*Chief Hunter*
Mitarbeiteranzahl:	*900*
Gründung:	*1878*

Gute Führung hat auch immer etwas mit Ehrlichkeit sich selbst gegen-über zu tun.

Florian Rehm

Da das Familienunternehmen emotional und geografisch weit von der Unternehmerfamilie entfernt lag, erfuhr Florian erst mit 17 Jahren, dass JÄGERMEISTER seiner Mutter und Großmutter gehört. Da sich damals niemand aus der Familie mit dem Unternehmen richtig identifizierte, war folgerichtig ein Verkauf angedacht. Aber dann zog die Großmutter ihre Fäden, um Florian doch als Nachfolger aufzubauen. Sie befähigte ihn mit 22 Jahren, das Family Office zu gründen, wodurch er gleichzeitig auch immer näher an das Familienunternehmen JÄGERMEISTER herangeführt wurde. Heute ist Florian Unternehmer und Investment-Manager. Auch seine Schwester ist in verschiedenen Gremien der Firma und der Vermögensverwaltung engagiert.

Wie sieht gute Führung im Familienunternehmen aus?

Zuerst habe ich Führung eigentlich nur von außen erfahren, also als Geführter, denn die JÄGERMEISTER-Manager waren routinierte Geschäftsführer und ich war 25 Jahre alt. Ich habe eine Weile gebraucht, um zu erkennen, dass das alles keine Übermenschen sind. Denn auch die erfahrensten Manager können zwar vielleicht schlauer sein als man selbst und Dinge dadurch noch tiefer durchdringen und sie in verschiedene andere Kontexte setzen, aber faktisch sind sie genauso wenig in der Lage, in die Zukunft zu schauen.

Aber wie führe ich nun nach einer gewissen Lebenserfahrung selbst? Man müsste wahrscheinlich meine Umgebung fragen, wie ich führe. Ich glaube, dass ich ziemlich viel laufen lasse und mich wenig einmische. Ich versuche allerdings, die Leute zu befähigen, indem ich herausfinde, was die Person motiviert, um sie an diesem Punkt zu stärken, damit sie das, was sie machen soll, besonders gut macht. Es gibt Menschen, die brauchen einmal in der Woche ein Lob. Wenn ich das weiß, dann kriegen sie einmal in der Woche ihr Lob und damit sind sie happy. Oder aber es gibt Leute, die müssen alleine sein. Die wollen nicht, dass ich ihnen ständig reinquatsche, und so gebe ich ihnen den Raum. In diesem Sinne versuche ich, sehr differenziert zu erkennen, was das Gegenüber zur Höchstleistung motiviert. Bei all dem ist die wichtigste Basis für gute Führung Respekt. Wenn man Respekt voreinander hat, dann wird der andere nicht übergangen.

Gute Führung hat auch immer etwas mit Ehrlichkeit zu sich selbst zu tun. Wenn ich weiß, was mich ausmacht, wer ich bin und welche Stärken und Schwächen ich habe und gegebenenfalls auch Hilfe in Anspruch nehme, dann führe ich besser, als wenn ich meine, alles selbst zu können und dabei Fehler mache und diese nicht zugebe. Das ist in meinen Augen ein falsches Führungsverständnis.

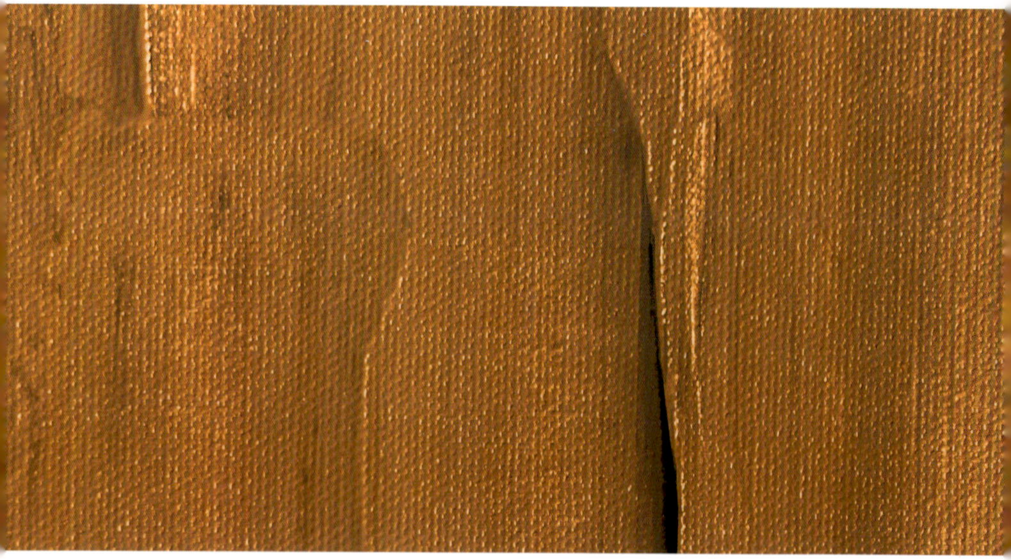

EQUA

Verantwortung
für Familienunternehmen
Gemeinnützige Stiftung

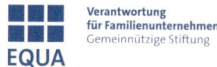

Entscheidung

Soll/kann/will ich
das Familienunternehmen
operativ übernehmen oder nicht?

Stephanie Kisslinger (36)

NEUERO Industrietechnik GmbH

Generation:	*2. und 3. Generation*
Rolle in der Unternehmerfamilie:	*Geschäftsführung, Marketing, Kommunikation, Personal*
Mitarbeiteranzahl:	*70*
Gründung:	*1914*

Das Maschinenbauunternehmen NEUERO Industrietechnik stellt Sondermaschinen für die Schüttgutbe- und -entladung von Schiffen im Hafen her. Stephanies Großvater übernahm in den 1990er-Jahren das Unternehmen. Seither befindet es sich im Familienbesitz und wird derzeit von Stephanies Vater geleitet. Stephanie, die Architektur studiert hat, ist zwar 2018 in das Familienunternehmen eingestiegen, zieht sich momentan aber langsam wieder aus der operativen Tätigkeit im eigenen Familienunternehmen zurück.

Soll/kann/will ich das Familienunternehmen operativ übernehmen oder nicht?

Wie schwer diese Frage für mich zu beantworten war, sieht man schon an meinem Werdegang: Zuerst studierte ich Architektur, stieg dann quer in unser Maschinebauunternehmen ein, versuchte mich entsprechend fortzubilden, um nach drei Jahren doch zu dem schweren Entschluss zu gelangen, dass die operative Tätigkeit im eigenen Unternehmen trotz allem nicht mein Weg ist, da ich dafür nicht geeignet bin.

Wie bin ich zu dieser Erkenntnis gekommen, nachdem ich doch alles getan hatte, um die operative Geschäftsführung zu übernehmen? Es war ja nicht so, dass ich mich nicht bemüht hätte. Denn ich habe mir das Wissen angeeignet, habe an Kundenbesuchen teilgenommen, mich mit der Technik auseinandergesetzt, habe die Mitarbeiter alle intensiv kennengelernt und mit ihnen Gespräche geführt, habe auch eine Art Unternehmensreport aufgestellt, um deren Sicht auf das Unternehmen festzuhalten – was gut läuft, was nicht so gut läuft. Und trotz dieses Bemühens musste ich mir irgendwann ehrlich eingestehen, dass mir das

Stephanie Kisslinger

Prüft, ob ihr eine echte Leidenschaft für das Unternehmen empfindet, ob ihr mit Herzblut dahintersteht.

Wesentliche fehlt: die tiefe Leidenschaft, das Herzblut für die Produkte und die Firma. Wäre eine große Leidenschaft entstanden, dann hätte ich auch die fachliche Expertise, die ich nach wie vor nicht habe, aufbauen können. Wenn aber die intrinsische Motivation nicht vorhanden ist, kann man der Verantwortung und der Erwartung nicht gerecht werden und auch die Arbeit und Anstrengung, die die Fortführung eines Familienunternehmens bedeutet, nicht leisten.

Es war ein sehr, sehr schwieriger Prozess, diese Erkenntnis erst einmal zuzulassen. Aber für den eigenen Seelenfrieden war es gut.

Nach dieser leidvollen Erfahrung kann ich nur allen Nachfolgern raten: Prüft, ob ihr eine echte Leidenschaft für das Unternehmen empfindet, ob ihr mit Herzblut dahintersteht. Nur wenn ihr diese Frage mit einem eindeutigen „Ja" beantworten könnt, dann übernehmt die operative Führung des eigenen Familienunternehmens.

Dina Reit (29)

SK LASER GmbH

Generation:	*1. und 2. Generation*
Rolle in der Unternehmerfamilie:	*Prokuristin*
Mitarbeiteranzahl:	*15*
Gründung:	*2005*

SK LASER mit Sitz in Wiesbaden ist seit 2005 Hersteller von Lasersystemen für die Industrie. Dina Reit wollte nicht in das Familienunternehmen einsteigen, obwohl – oder gerade weil – sie schon früh im Unternehmen mitgearbeitet hat, wenn es zeitlich möglich war. Nach weniger guten Erfahrungen in einem völlig anderen Bereich hat sie allerdings erkannt, wie gut ihr im Grunde das eigene Maschinenbauunternehmen gefällt, und hat sich dann doch mit voller Überzeugung dafür entschieden. Seit 2019 ist sie dort in der Geschäftsführung tätig und leitet gemeinsam mit ihrem Vater den Betrieb. Dina hat eine Schwester, die aber kein Interesse am Unternehmen zeigt.

Soll/kann/will ich das Familienunternehmen operativ übernehmen oder nicht?

Um diese Frage zu beantworten, gibt es für mich sehr wichtige Hilfsfragen: Wie möchte ich mein Leben führen? Welches Lebenskonzept passt zu mir? Will ich abhängig als Angestellter arbeiten oder brauche ich die Freiheit der eigenen Entscheidung, bei aller damit verbundenen Verantwortung? Entscheide ich mich wirklich frei oder fühle ich mich irgendwie verpflichtet? Kenne ich das, worauf ich mich einlasse: die Menschen, die Produkte, die ganze Firma?

Wenn man diese Fragen für sich beantwortet hat, dann weiß man sofort, ob man die Geschäfte des eigenen Familienunternehmens führen will oder nicht.

Das hatte ich selbst allerdings zuerst auch nicht wirklich verstanden. Denn eigentlich dachte ich, ich wollte nicht in das Familienunternehmen einsteigen und mich lieber mit anderen Dingen als Maschinen befassen. Deshalb studierte ich neben Wirtschaftswissenschaften auch Kunstgeschichte und Philosophie. Ich stellte mir vor, einmal als Kuratorin in einem Museum zu arbeiten. Als ich aber dort dann erste Erfahrungen sammelte, erkannte ich, dass

Dina Reit

Plötzlich bemerkte ich, wie sehr mir die Freiheit der Entscheidung zusagt, die im eigenen Familienunternehmen gegeben ist.

das so gar nicht mein Ding war. Die Leute tickten dort völlig anders. Das ganze System war in meinen Augen so seltsam organisiert, dass ich mich dort nicht wiederfand. Plötzlich bemerkte ich, wie sehr mir die Maschinenbauer liegen und wie sehr mir die Freiheit der Entscheidung zusagt, die man im eigenen Familienunternehmen hat.

Außerdem habe ich zu diesem Zeitpunkt endlich verstanden, was für ein Riesenglück es ist, ein eingeführtes Unternehmen übernehmen zu können. Denn während für meinen Vater die ersten Jahre nach der Gründung eine schwere Zeit waren, kann ich auf etwas Vorhandenem aufbauen.

Natürlich habe ich schon relativ früh die beiden Seiten des Unternehmertums kennengelernt: die ständige Verantwortung, von der man fast nie Pause hat und die das eigene Leben permanent begleitet, und auf der anderen Seite auch die große persönliche Freiheit. Wenn man das als Lebensentwurf nicht nur akzeptiert, sondern als große Möglichkeit empfindet, dann soll/kann/will man sich für die operative Führung des Familienunternehmens entscheiden.

Glenn Büter (23)

G. BÜTER Bauunternehmen GmbH

Generation:	*3. Generation*
Rolle in der Unternehmerfamilie:	*NextGen*
Mitarbeiteranzahl:	*110*
Gründung:	*1934*

Das G. BÜTER Bauunternehmen wird heute von Glenns Vater und einem Fremdgeschäftsführer geleitet. Glenn ist nah am Familienunternehmen aufgewachsen und fühlt sich diesem sehr verbunden. Seine Leidenschaft galt jedoch schon früh dem Kochen. Bereits während der Schulzeit bot er mit seinem eigenen Unternehmen Private Cooking Events und Kochkurse an, bevor er nach dem Abitur eine Kochausbildung in mehreren Sternerestaurants absolvierte und danach ein Studium der Wirtschaftswissenschaften begann. Die Kulinarik liegt ihm weiterhin am Herzen. So entwickelte sich aus den Private Cooking Events ein Weinhandel, den er bis heute betreibt. Ob Glenn oder sein Bruder im Familienunternehmen operativ tätig werden ist völlig offen, zumal ihre Eltern noch vergleichsweise jung sind.

Soll/kann/will ich das Familienunternehmen operativ übernehmen oder nicht?

Diese Frage habe ich für mich noch nicht abschließend beantwortet. Einerseits fühle ich mich dem Bauunternehmen, das schon mein Urgroßvater gründete, sehr verbunden, andererseits entspricht das Gewerbe nicht meinen Interessen. Hinzu kommt der Standort in einer sehr ländlichen Region.

Beim Nachdenken über einen möglichen Einstieg stelle ich mir folgende Frage: Muss man sich inhaltlich vollständig mit dem Unternehmensgegenstand identifizieren, um darin eine Management- beziehungsweise Führungsposition zu bekleiden? Muss dieser wirklich den eigenen Interessen entsprechen, um im Unternehmen gestaltend tätig sein zu können?

Dass diese Fragen aufkommen, mag zumindest zum Teil Phänomen meiner Generation sein, in der Selbstverwirklichung, Erfüllung und ein sozial-gesellschaftlicher Nutzen (impact) zu den

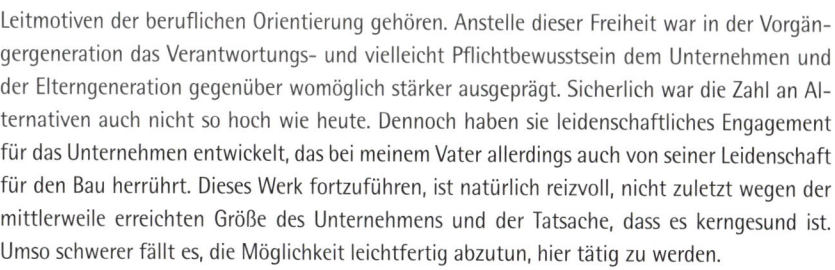

Glenn Büter

**Einerseits fühle ich
mich dem eigenen
Bauunternehmen sehr
verbunden, andererseits
entspricht das Gewerbe nicht
meinen Interessen.**

Leitmotiven der beruflichen Orientierung gehören. Anstelle dieser Freiheit war in der Vorgängergeneration das Verantwortungs- und vielleicht Pflichtbewusstsein dem Unternehmen und
der Elterngeneration gegenüber womöglich stärker ausgeprägt. Sicherlich war die Zahl an Alternativen auch nicht so hoch wie heute. Dennoch haben sie leidenschaftliches Engagement
für das Unternehmen entwickelt, das bei meinem Vater allerdings auch von seiner Leidenschaft
für den Bau herrührt. Dieses Werk fortzuführen, ist natürlich reizvoll, nicht zuletzt wegen der
mittlerweile erreichten Größe des Unternehmens und der Tatsache, dass es kerngesund ist.
Umso schwerer fällt es, die Möglichkeit leichtfertig abzutun, hier tätig zu werden.

Innerhalb der nächsten Jahre sehe ich mich nicht im Unternehmen. Ob es danach zu spät für
einen Einstieg ist, wird sich dann zeigen.

Markus Meier (37)

Firmengruppe Martin MEIER

Generation:	*5. Generation*
Rolle in der Unternehmerfamilie:	*Geschäftsführung, Gesellschafter*
Mitarbeiteranzahl:	*150*
Gründung:	*1899*

Die Firmengruppe Martin MEIER ist ein diversifiziertes Unternehmen in der Bau- und Immobilienwirtschaft, welches 1899 von Martin Meier, einem „Dorfmaurer" im Altmühltal, gegründet worden ist. Heute beschäftigt das Unternehmen 150 Mitarbeiter in verschiedenen Bereichen: Bauunternehmen, Projektentwicklung, Wohnungsbau, Gewerbebau, Gebäudesanierung, Baustoff-Fachhandel, Transportbeton sowie Haus- und Mietverwaltung. Markus Meier ist geschäftsführender Gesellschafter und bereits 2010 in das Familienunternehmen eingestiegen.

Soll/kann/will ich das Familienunternehmen operativ übernehmen oder nicht?

Es ist tatsächlich eine Lebensentscheidung, ob man die Führung des eigenen Familienunternehmens übernehmen will. Für mich hängt diese Entscheidung von vier wesentlichen Fragen und natürlich ihrer positiven Beantwortung ab.

Erstens: Bin ich wirklich ein Unternehmertyp? Um darauf eine Antwort zu finden, ist es sinnvoll, sich mit Vorbildern ehrlich zu vergleichen und eine Benchmark zu bilden. Ich muss dabei quasi in die Außenperspektive wechseln, um mich selbst kritisch beurteilen zu können. Dabei hilft ein Unternehmer- beziehungsweise Nachfolger-Netzwerk, denn nur dort bekomme ich auch ehrliches und ungeschöntes Feedback. Schlussendlich muss ich mir sicher sein, dass ich eine widerstandsfähige und resiliente Persönlichkeit bin. Ein echter Unternehmertyp kann mit Niederlagen umgehen. Wer nur auf der Erfolgswelle surfen will, sollte lieber kein Unternehmer werden. Zweitens muss ich überlegen, ob es zu mir und zu meiner Lebensplanung passt, Unternehmer, vor allem in einem dynastischen Familienverbund, zu werden. Denn natürlich muss ich bereit sein, mich mit meiner ganzen Person einzusetzen und auf vieles zu verzichten, und dies gegebenenfalls auch an einem

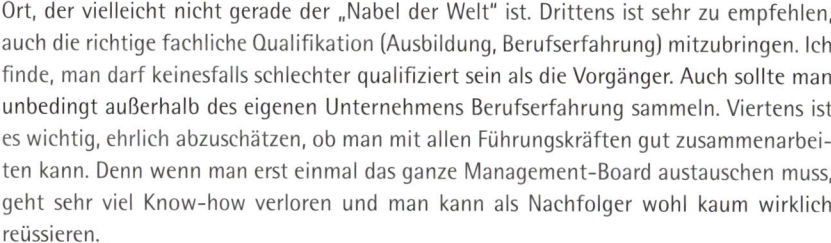

Markus Meier

Der Nachfolger sitzt am längeren Hebel, weil er am Schluss allein aufgrund der genealogischen Abfolge gewinnen wird.

Ort, der vielleicht nicht gerade der „Nabel der Welt" ist. Drittens ist sehr zu empfehlen, auch die richtige fachliche Qualifikation (Ausbildung, Berufserfahrung) mitzubringen. Ich finde, man darf keinesfalls schlechter qualifiziert sein als die Vorgänger. Auch sollte man unbedingt außerhalb des eigenen Unternehmens Berufserfahrung sammeln. Viertens ist es wichtig, ehrlich abzuschätzen, ob man mit allen Führungskräften gut zusammenarbeiten kann. Denn wenn man erst einmal das ganze Management-Board austauschen muss, geht sehr viel Know-how verloren und man kann als Nachfolger wohl kaum wirklich reüssieren.

Bei uns gab es damals keine professionelle Regelung zum Einstieg von Nachfolgern, weshalb alles ziemlich „hands-on" verlief. Als mir aber klar wurde, dass der Nachfolger eigentlich immer am längeren Hebel sitzt, weil man ja derjenige ist, der am Schluss schon aus der genealogischen Abfolge heraus gewinnen wird, ging es mir mit meiner Rolle besser und ich konnte den Unternehmertyp in mir finden. Mit dem Hintergrund dieser lehrreichen Erfahrung haben wir gemeinsam nun unsere Familienverfassung entwickelt.

Thomas Diehl (30)

Weingut DIEHL GbR | DIEHL Dienstleistung GmbH | DIEHL Gastronomie GmbH | DIEHL Investment GmbH | Thomas DIEHL UG

Generation:	*2. und 3. Generation*
Rolle in der Unternehmerfamilie:	*Geschäftsführung, Gesellschafter*
Mitarbeiteranzahl:	*5*
Gründung:	*1972*

Thomas Diehl ist in einer Winzerfamilie als Einzelkind aufgewachsen. Zunächst wollte er aber vom familieneigenen Weingut nichts wissen. Deshalb studierte er andere Fächer, arbeitete in anderen Branchen und lebte in vielen anderen Ländern. Aber trotz oder gerade wegen dieser Distanz bemerkte er allmählich immer deutlicher, wie sehr er das ökonomisch fragile familieneigene Weingut liebt und wie sehr er doch Unternehmer sein möchte. So hat er die Entscheidung getroffen, das Familienunternehmen zu übernehmen, es aber nicht nur als Weingut zu verstehen, sondern als Zentrum für verschiedene weitere unternehmerische Aktivitäten. Heute besitzt Thomas das Familienweingut, vier von ihm gegründete Firmen und ist Unternehmer aus vollem Herzen.

Soll/kann/will ich das Familienunternehmen operativ übernehmen oder nicht?

So wie mein schulischer Werdegang eher holprig war, war auch der Weg ins familieneigene Weingut kein gerader. Denn obwohl mir vordergründig alle Optionen von meinen Eltern offengelassen wurden, gab es die unterschwellige Erwartung, dass ich als Einzelkind das Weingut fortführen würde. Das empfand ich bis zu einem gewissen Grad als Druck und habe mich erst einmal dagegen gesperrt. Nach Realschule, Gymnasium, Internat, Abitur, Studium und Aufenthalten in Peru, Indien, Frankreich, Neuseeland und Südafrika schien das Familienunternehmen, dem es zu diesem Zeitpunkt wirtschaftlich nicht gerade gut ging, ziemlich weit weg für mich.

Trotzdem habe ich unbewusst innerlich immer alles, was ich lernte oder praktisch erfuhr, damit abgeglichen, was das für unser Weingut bedeutete oder bedeuten würde.

Thomas Diehl

Mir haben die externen Erfahrungen bei der Entscheidung für das Familienunternehmen sehr geholfen.

Ein Initialerlebnis war für mich dann aber Vietnam, wo ich für das Lasertechnologie- und Maschinenbauunternehmen TRUMPF eine Tochtergesellschaft mit aufbaute. Dabei beobachtete ich, dass (fast) alle Menschen, die dort lebten und arbeiten, eigentlich kleine Unternehmer waren, die dadurch ganz viel voranbrachten. Plötzlich wurde mir bewusst, dass ich immer für jemand anderen arbeitete und nicht für mich selbst – und deshalb auch von jemand anderem abhängig und nicht „frei" war, etwas eigenständig voranzubringen. Da stellte ich fest: Der Weg zurück ins Familienunternehmen ist doch eine sehr veritable Möglichkeit, obwohl das auf verschiedenen Ebenen eine große Herausforderung sein würde.

Mir haben also die externen Erfahrungen sehr bei der Entscheidung für das Familienunternehmen geholfen. Ich habe gemerkt, wie gut es mir zu Hause geht.

Maximilian Roos (30)

ROOS Vehicle Logistics GmbH |
SCHERM Gruppe

Generation:	*2. und 3. Generation*
Rolle in der Unternehmerfamilie:	*Geschäftsführung, Gesellschafter*
Mitarbeiteranzahl:	*1650*
Gründung:	*1972 und 2018*

Maximilian würde seinen eigenen Weg nicht als klassischen Nachfolgeprozess beschreiben. Zunächst stieg er nämlich ohne Ausbildung und Studium als Azubi in das Familienunternehmen ein. Gleichzeitig fand aber der Generationswechsel von der ersten auf die zweite Generation statt, also von seiner Großmutter auf seinen Onkel. Um ein Kundenproblem in einer Sparte des Familienunternehmens zu lösen, gründete Maximilian 2018 sein eigenes Unternehmen. Derzeit wird diese Sparte des alten Familienunternehmens in seine neue Firma integriert.

Soll/kann/will ich das Familienunternehmen operativ übernehmen oder nicht?

Zwar lag meinen Großeltern der Gedanke anfangs recht fern, dass ich ins Familienunternehmen einsteige, weil nicht meine Eltern Nachfolger in der zweiten Generation sind, sondern mein Onkel. Dann war ihnen aber doch wichtig, dass auch in der Enkelgeneration jemand aus der Familie zum Führungsteam zählt. Also war es Konsens, dass ich operativ einsteige. So begann ich gleich nach dem Abitur als Azubi im Familienunternehmen. Durch das Abitur musste ich nicht zur Berufsschule und konnte so sehr intensiv die Firma kennenlernen: LKW-Bremssattel ausbauen, Stapler fahren, Ersatzteile verpacken, LKW fahren, IT, Controlling. Ich erhielt ein komplettes Rundum-Bild. Spannend schien mir vor allem die Möglichkeit, die Tätigkeiten und Herausforderungen eines Unternehmens über alle Hierarchien hinweg kennenzulernen. Eine wichtige Lektion für mein Berufsleben war, dass es für alles einen Grund gibt – auch wenn dieser manchmal nicht gut ist. Oft sind Abläufe oder Prozesse im Shopfloor nicht sinnvoll oder

Maximilian Roos

Ich habe gelernt, dass ich selbst aktiv werden muss. Ohne eigene Arbeit kein Erfolg.

könnten einfacher sein. Doch die Führungskräfte wissen meistens von dem Fehlprozess und haben gleichzeitig dafür gute Gründe. Das war eine interessante Lernerfahrung für mich.

Anschließend wollte ich gern auch für ein Projekt zuständig sein und Verantwortung übernehmen. Lange Zeit dachte ich, dass sich schon die passende Gelegenheit ergibt. Dem war aber nicht so – und das war auch gut, denn ich habe durch meine Familie gelernt, dass ich selbst aktiv werden muss. Ohne eigene Arbeit kein Erfolg. So ergab sich die Chance, ein Geschäft außerhalb des Familienunternehmens zu beginnen. Es ging dabei um eine Geschäftsfelderweiterung und nicht um ein Konkurrenzunternehmen zum Familienunternehmen. Mit dieser selbständigen Erfahrung hatte ich dann eine gute Basis und habe die Geschäftsführung des Bestandsunternehmens übernommen.

So fand ich in die operative Führung.

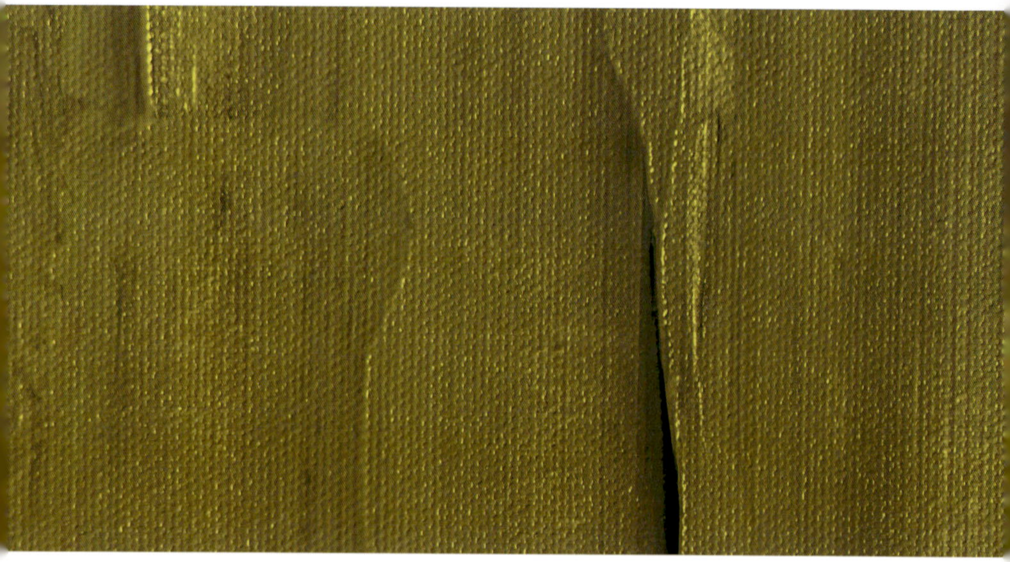

EQUA

Verantwortung
für Familienunternehmen
Gemeinnützige Stiftung

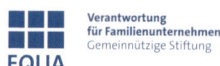

Kommunikation

Wie kommunizieren wir in der
Unternehmerfamilie richtig?

Dr. Timm Mittelsten Scheid (53)

VORWERK SE & Co. KG

Generation:	*5. Generation*
Rolle in der Unternehmerfamilie:	*Gesellschafter, Beirat*
Mitarbeiteranzahl:	*ca. 13.000 Festangestellte und ca. 48.000 Berater*
Gründung:	*1883*

VORWERK wurde in Wuppertal als Teppichfabrik gegründet. Heute produziert das Unternehmen Staubsauger, Küchenmaschinen, Kosmetik, betreibt eine Bank und investiert Venture Capital in junge Gründerteams. Der Gesamtumsatz beträgt 3,2 Mrd. Euro. Das Unternehmen wird derzeit von 30 Gesellschaftern gehalten, von drei angestellten Geschäftsführern geleitet und von einem achtköpfigen Beirat kontrolliert. Timm wuchs in einer politisch eher linksgerichteten Familie auf und stellte als Jugendlicher plötzlich fest, dass er zum „Klassenfeind" zählte. Mittlerweile engagiert er sich als Beirat zum Wohle der Firma und damit zum Wohle der Mitarbeiter. Er war maßgeblich an der Transformation von einer patriarchalen zu einer dezentraleren, eigenverantwortlicheren Unternehmensorganisation beteiligt.

Wie kommunizieren wir in der Unternehmerfamilie richtig?

Für mich gibt es einige Grundregeln, die ich vielleicht als Basis für eine gute Kommunikation in der Unternehmerfamilie formulieren würde: Das Wichtigste ist, zu klären, in welchem Kontext man gerade kommuniziert. Denn natürlich macht es einen Unterschied, ob ich mit meinem Cousin oder mit dem größten Anteilseigner rede. Außerdem sollte man sich immer wieder klar machen, dass Kommunikation nicht das ist, was man sagt, sondern das, was beim anderen ankommt. Darüber hinaus sollte man hinterfragen, ob man vielleicht selbst etwas falsch ausgedrückt hat, auch wenn man von der Richtigkeit des Inhalts überzeugt ist. Das hilft, glaube ich, in der Kommunikation, weil man dadurch keine Konfrontation aufbaut. Der Gedanke „Hoppla, vielleicht lag es ja auch an mir" entscheidet mit über die Aggressivität oder Nicht-Aggressivität in der Kommunikation. Wenn man sich selbst ein bisschen mehr hinterfragt, dann wird das Leben viel einfacher – also für einen selbst inner-lich natürlich ein bisschen komplizierter, aber in der Kommunikation viel, viel einfacher. Zudem glaube ich, dass bei der Kommunikation nicht nur die Worte wichtig sind. Viel wichtiger ist, welche Emotionen transportiert werden. Für eine gute Kommunikation ist es auch von Bedeutung, dass man eine positive Anschlusskommunikation ermöglicht. Man sollte also so reden, dass der andere die Möglichkeit hat, positiver darauf zu reagieren, als er sich eigentlich fühlt. Bei uns in der Familie ist es wichtig, so zu kommunizieren, dass niemand das Gesicht verliert.

Für Unternehmerfamilien ist die Trennung der Kontexte meines Erachtens besonders wich-tig. Bei uns wurde unter dem alten Patriarchen das Geschäftliche immer sehr förmlich ge-halten: schriftlich, kurz, bei Versammlungen im Anzug. Das erscheint uns nun nicht mehr ganz zeitgemäß. Wir wollen es weniger steif. Auf der anderen Seite müssen wir aber nun lernen, dass wir trotzdem die Kontexte trennen. Hoffentlich gelingt uns das. Denn sobald man den Anzug anhat, weiß man, dass man sich im geschäftlichen System befindet, und es fällt einem leichter, entsprechend zu kommunizieren.

Für Unternehmerfamilien ist die Trennung der Kontexte besonders wichtig.

Timm Mittelsten Scheid

Fritz Peters (39)

Gebrüder PETERS Gebäudetechnik GmbH

Generation:	*4. und 5. Generation*
Rolle in der Unternehmerfamilie:	*Geschäftsführung, Gesellschafter*
Mitarbeiteranzahl:	*870*
Gründung:	*1903*

Die 1903 gegründete Firma PETERS bietet heute sehr diversifizierte Leistungen rund um das Thema Gebäudetechnik an und installiert Wasserrohre genauso wie Brandschutz, Videoanlagen, Solartechnik, Fernheizung oder digitale Smart-Home-Lösungen etc. Das Unternehmen besitzt derzeit acht Standorte, zwei davon im Ausland.

Fritz Peters wurde 2013 relativ plötzlich und unvorbereitet ins Familienunternehmen geholt, um einen ausgefallenen externen Niederlassungsleiter zu ersetzen. Neben Fritz arbeiten viele Mitglieder der Familie Peters im Unternehmen: Vater, Mutter, Bruder, eine Cousine und seine Frau. Gesellschafter sind aber nur Fritz, sein Bruder und der Vater.

Wie kommunizieren wir in der Unternehmerfamilie richtig?

Eine gute Kommunikation in der Unternehmerfamilie ist gar nicht so einfach, denn natürlich hat jede Familie eingetretene Kommunikationstrampelpfade. Wir haben uns beispielsweise früher entweder richtig gestritten, weil bei uns jeder einen sehr starken Gestaltungswillen hat und sich keiner gerne unterordnet, oder wir haben, wenn jemand anderer Meinung war, sofort die Diskussion verlassen und uns relativ schnell zurückgezogen. Das geht zwar in der Familie, aber als Unternehmerfamilie ist ein solches Kommunikationsverhalten nicht möglich. Schließlich muss man da ja immer wieder Themen besprechen und zu Entscheidungen gelangen. Als wir das feststellten, haben wir einen Unternehmerfamilien-Coach engagiert. Allerdings war der erste Versuch ein Misserfolg: Wir haben uns komplett gestritten, den Prozess abgebrochen, dem Berater gekündigt und erst einmal ein Jahr Pause gemacht. Mit dieser Erfahrung und einem anderen Berater haben wir es allerdings dann über die letzten Jahre tatsächlich geschafft, unsere Kommunikation stark zu verbessern. Wir haben gelernt, aktiv nachzufragen, aktiv zuzuhören und den anderen aussprechen zu lassen.

Außerdem haben wir Regeltermine eingerichtet, bei denen auch externe Dritte (Wirtschafts-
prüfer, Steuerberater) dabei sind, die die Diskussionen moderieren. Darüber hinaus haben wir
verstanden, dass wichtige Unternehmensthemen gut vorbereitet sein müssen und man sie
nicht einfach so reinschmeißen kann. Es gibt weniger Konflikte, wenn man alles rational aus-
arbeitet – und wenn du eine Entscheidung willst, dann hilft eine beschlussfertige Vorlage.
Das ist dann in der Familie natürlich eine eher rationale Unternehmenskommunikation.

Obwohl wir versuchen, die Kommunikation in der Familie von der im Unternehmen zu trennen, verschwimmen beide bei uns doch immer wieder. Das lässt sich wohl auch kaum vermeiden, weil wir alle ja eine aktive Rolle in der Firma haben. Es hilft deshalb, wenn man auf
beiden Kommunikationsebenen reifer miteinander umgeht. Und ich glaube, ein solcher Lern-
prozess wäre ohne externe Begleitung ungleich schwieriger gewesen.

Wir haben gelernt, aktiv nachzufragen, aktiv zuzuhören und den anderen aus- sprechen zu lassen.

Fritz Peters

Dina Reit (29)

SK LASER GmbH

Generation:	*1. und 2. Generation*
Rolle in der Unternehmerfamilie:	*Prokuristin*
Mitarbeiteranzahl:	*15*
Gründung:	*2005*

SK LASER mit Sitz in Wiesbaden ist seit 2005 Hersteller von Lasersystemen für die Industrie. Dina Reit wollte nicht in das Familienunternehmen einsteigen, obwohl – oder gerade weil – sie schon früh im Unternehmen mitgearbeitet hat, wenn es zeitlich möglich war. Nach weniger guten Erfahrungen in einem völlig anderen Bereich hat sie allerdings erkannt, wie gut ihr im Grunde das eigene Maschinenbauunternehmen gefällt, und hat sich dann doch mit voller Überzeugung dafür entschieden. Seit 2019 ist sie dort in der Geschäftsführung tätig und leitet gemeinsam mit ihrem Vater das Unternehmen. Dina hat eine Schwester, die aber kein Interesse am Unternehmen zeigt.

Wie kommunizieren wir in der Unternehmerfamilie richtig?

Wir geben uns Mühe, die private und betriebliche Kommunikation möglichst voneinander zu trennen. Außerdem ist uns klar, dass mit dem „Wie" der Kommunikation auch das „Was", das „Wer" und das „Wann" verbunden sind.

Beim „Wer" können wir eigentlich ganz gut trennen. Wenn meine Mutter oder meine Schwester beziehungsweise mein Mann mit am Tisch sitzen, versuchen wir, die Firmendinge außen vor zu lassen.

Genauso beim „Wann": An den Wochenenden, an Feiertagen und vor allem auch im Urlaub konzentrieren wir uns aufs Private. Ja, wir versuchen, so gut es geht, den anderen in deren Urlaub den Rücken freizuhalten.

Womit wir auch schon beim „Was" sind. Private Dinge gehören in den Privatbereich und Betriebliches wird im Unternehmen besprochen. Soweit die Theorie. Denn bei der Kommunikation zwischen meinem Vater und mir werden die Themen doch häufiger vermischt.

Ich denke auch nicht, dass eine strikte Trennung bei uns möglich ist. Wir können dem anderen aber zumindest sagen, dass man jetzt und hier nicht über etwas Bestimmtes reden will. Und das wird dann auch akzeptiert.

Das „Wie" ist natürlich das Wichtigste. Zum einen bezieht sich das „Wie" der Kommunikation auf die Kanäle. Hier benutzen wir eigentlich alles: Handy, Telefon, Nachrichten, E-Mails und persönliche Gespräche. Aber das „Wie" ist auch die Frage nach dem Ton, also dem Umgang miteinander. Und da sind uns zum einen die Offenheit beim Mitteilen und zum anderen das Wohlwollen beim Zuhören sehr wichtig – dass man also wirklich über alles reden kann und dass dies dann respektvoll und vorurteilsfrei vom anderen aufgenommen wird. Abgesehen davon sind wir in unserer Kommunikation ruhig, fair und wohlwollend gegenüber dem anderen, denn wir wollen ja beide dasselbe: Wir wollen, dass es funktioniert!

Es ist uns klar, dass mit dem „Wie"

der Kommunikation

auch das „Was",

das „Wer" und

das „Wann"

verbunden sind.

Dina Reit

Clemens Johannes Wiedenhues (23)

ALLEGRON Group

Generation:	*1. und 2. Generation*
Rolle in der Unternehmerfamilie:	*Gesellschafter, Sparringspartner*
Mitarbeiteranzahl:	*80*
Gründung:	*1991*

Die ALLEGRON Group ist ein Immobilienunternehmen, welches von der ersten Generation geführt wird, jedoch ist die zweite Generation bereits auf der Gesellschafterebene im Familienunternehmen involviert. Das Unternehmen ist im Besitz zweier Familien und entwickelt Immobilienportfolien aller Nutzungsarten und hält sie im Bestand. Kein Mitglied der nächsten Generation ist bisher operativ in die Firma eingestiegen. Clemens Johannes Wiedenhues hat aber eine beratende und unterstützende Rolle im Familienunternehmen und ist dort vor allem für das Thema Digitalvertrieb verantwortlich.

Wie kommunizieren wir in der Unternehmerfamilie richtig?

Zwar haben wir in unserer Familienverfassung die Kommunikation formal geregelt, aber ich muss zugeben, dass das nicht immer umgesetzt wird. Wir erleben nämlich, dass es erstens unsere zwei dominanten Geschäftsführer anders vorleben und sich untereinander häufig informell austauschen, dass zweitens eine institutionalisierte Kommunikation immer mit mehr Zeit und mehr Aufwand verbunden ist und dass es drittens auch anders gut funktioniert. Deswegen läuft bei uns zurzeit tatsächlich vieles auf Zuruf.

Gerade weil also eher informell kommuniziert wird, ist meines Erachtens aber eine klare Trennung zwischen persönlichen Themen und sachlichen Unternehmensthemen sehr wichtig. Um ehrlich zu sein, können wir das allerdings nur unterschiedlich gut umsetzen, weshalb mache Sachthemen doch schon einmal persönlich verstanden werden. Außerdem ist es gerade wegen der Informalität in unserer Kommunikation meiner Meinung nach auch wichtig, auf den emotionalen Zustand der Kollegen einzugehen und sich auch einmal Zeit zu lassen und den besten Moment abzuwarten. Das richtige Timing ist also auch ein wesentlicher

Aspekt in unserer Kommunikation. Nicht jedes Thema ist zu jeder Zeit gut platziert. Auch sollte man nicht mit jedem auf die gleiche Art sprechen, sondern der Generation, dem Hintergrund und der Persönlichkeit des Gegenübers angemessen kommunizieren. Insgesamt betrachtet kann ich feststellen, dass wir ziemlich beziehungsorientiert miteinander in Kommunikation treten.

Damit das gut funktioniert, steht bei uns allerdings über allem immer und ganz klar das Prinzip der absoluten Offenheit. Dabei gilt zusätzlich, dass jedes Argument – auch wenn es noch so kontrovers ist – fundiert sein muss. Etwas ohne Begründung zu behaupten oder zu fordern, wird nicht anerkannt.

Wenn ich unseren Kommunikationsstil also mit einem Motto beschreiben sollte, so würde ich sagen: Hart in der Sache – herzlich im Ton.

Wenn ich unseren Kommunikationsstil mit einem Motto beschreiben sollte, so würde ich sagen: Hart in der Sache – herzlich im Ton.

Clemens Johannes Wiedenhues

Jan Keller (24)

BENSELER GmbH & Co. KG

Generation:	*2. und 3. Generation*
Rolle in der Unternehmerfamilie:	*NextGen*
Mitarbeiteranzahl:	*ca. 1.000*
Gründung:	*1961*

Das Familienunternehmen BENSELER ist ein Automobilzulieferer in der Region Stuttgart. Das Unternehmen wird derzeit von Jans Tante in der zweiten Generation geführt. Jan ist wie sein Bruder Sven abseits des Familienunternehmens aufgewachsen, steht diesem jedoch in seiner Funktion als NextGen sehr nahe. Die operative Nachfolge im Familienunternehmen ist zwar noch nicht geklärt, jedoch hat die Familie für alle familiären und unternehmerischen Belange ihre Familienmaximen definiert. Außerdem stellt die Familie der nächsten Generation Venture-Kapital zur Verfügung, um den jungen Mitgliedern zu ermöglichen, unternehmerisches Handeln zu erlernen. Jan engagiert sich derzeit hier zusammen mit anderen Familienmitgliedern der dritten Generation.

Wie kommunizieren wir in der Unternehmerfamilie richtig?

Das größte Problem ist, dass Familie und Unternehmen zwei ganz verschiedene Sphären darstellen. Wenn diese in der Kommunikation durcheinandergeraten, dann kann das problematisch werden. Dann also, wenn man nicht bewusst trennt und in den Unternehmenskontext familiäre, emotionale Aspekte hineinbringt, die in Geschwisterdynamiken oder Eltern-Kind-Dynamiken wurzeln, und nicht professionell kommuniziert, wie es Gesellschafter ohne familiäre Zweitrolle normalerweise tun würden. Ein fiktives Beispiel: Eine Mutter will ihr Kind zum einen natürlich in der Nachfolge sehen, weil sie eine engere Beziehung zu ihm hat als zu ihrem Neffen oder ihrer Nichte. Zum anderen muss sie als Unternehmerin aber auch darauf achten, wer am besten dafür geeignet ist. Nur wenn sie diesen inneren Rollenkonflikt reflektiert und auch kommuniziert, kann die ganze Unternehmerfamilie richtig damit umgehen. Werden die verschiedenen Bedürfnisse miteinander vermischt, sind Konflikte fast unvermeidbar.

Das bedeutet aber, ich muss mich ständig fragen, ob ich gerade als Gesellschafter im Sinne des Unternehmens denke oder Bedürfnisse als Familienmitglied empfinde. Habe ich das reflektiert, dann muss das in meine Kommunikation einfließen und ganz klar formuliert werden, um die anderen an meiner Reflexion teilhaben zu lassen: Als Gesellschafter sehe ich das so, als Sohn fühle ich aber ... Unterstützen kann man das durch die bewusste Wahl der Orte für eine bestimmte Kommunikation. Am Mittagstisch über Gesellschafteranteile und Nachfolgeprozesse zu sprechen, ist wenig sinnvoll, weil das derselbe Ort ist wie für irgendwelche Familienstreitigkeiten, die man im Alltag so hat. Unternehmensthemen sollten also im Unternehmen besprochen werden – nicht am Esstisch oder vor dem Fernseher.

Für eine gelungene Kommunikation in der Unternehmerfamilie sollte man sich also ständig dieser unterschiedlichen Rollen bewusst sein, sie aktiv reflektieren und immer üben und sich hinterfragen, in welcher dieser beiden Welten man sich gerade gedanklich und emotional bewegt.

Das größte Problem ist, dass sich Familie und Unternehmen in zwei ganz verschiedenen Sphären bewegen.

Jan Keller

Florian Rehm (44)

Mast-JÄGERMEISTER SE |
weitere Unternehmen

Generation:	*5. Generation*
Rolle in der Unternehmerfamilie:	*Chief Hunter*
Mitarbeiteranzahl:	*900*
Gründung:	*1878*

Da das Familienunternehmen emotional und geografisch weit von der Unternehmerfamilie entfernt lag, erfuhr Florian erst mit 17 Jahren, dass JÄGERMEISTER seiner Mutter und Großmutter gehört. Da sich damals niemand aus der Familie mit dem Unternehmen richtig identifizierte, war folgerichtig ein Verkauf angedacht. Aber dann zog die Großmutter ihre Fäden, um Florian doch als Nachfolger aufzubauen. Sie befähigte ihn mit 22 Jahren, das Family Office zu gründen, wodurch er gleichzeitig auch immer näher an das Familienunternehmen JÄGERMEISTER herangeführt wurde. Heute ist Florian Unternehmer und Investment-Manager. Auch seine Schwester ist in verschiedenen Gremien der Firma und der Vermögensverwaltung engagiert.

Wie kommunizieren wir in der Unternehmerfamilie richtig?

Viele Berater betonen, dass man als Unternehmerfamilie die beiden Sphären „Unternehmen" und „Familie" in der Kommunikation bewusst voneinander trennen soll. Deshalb hatten wir eine entsprechende Vereinbarung getroffen. Diese hat sich aber bei uns überhaupt nicht bewährt. Unser unternehmerisches Leben ist so intensiv, dass es absoluter Quatsch wäre, etwas auszugrenzen, was uns eigentlich Freude bereitet.

Trotzdem haben wir ein paar Regeln, die wir befolgen.

So telefonieren beispielsweise meine Schwester und ich regelmäßig alle 14 Tage. Wir nennen das unser „virtuelles Kaffeetrinken". Das ist ein verbindlicher Jour fixe, der nur aus einem zwingenden Grund verschoben werden darf. Und da sprechen wir nicht als Geschwister miteinander, sondern als Gesellschafter und Aufsichtsräte. Das sind Arbeitstermine.

Außerdem haben wir die sogenannte 24-Stunden-Regel. Die bedeutet: Wenn du ein Problem hast, dann hast du natürlich die Möglichkeit, darüber zu schlafen, darüber nachzudenken. Aber dann musst du dich innerhalb von 24 Stunden melden. Tust du das nicht, dann hast du die Chance verpasst, dich zu beschweren.

Das sind eigentlich schon alle unsere Kommunikationsregeln.

Für eine gute Kommunikation sind aber meines Erachtens konkrete Regeln viel weniger wichtig als etwas ganz anderes: gegenseitige Wertschätzung. Und das bedeutet, dass man immer und ausschließlich verbindlich und ehrlich sprechen muss. Das klingt banal, aber es ist tatsächlich eine Riesenherausforderung, immer ehrlich und verbindlich zu sein.

Für eine gute Kommunikation sind Regeln weniger wichtig als etwas ganz anderes: gegenseitige Wertschätzung.

Florian Rehm

Marie-Luise (30)
und Katharina Raumland (28)

Sekthaus RAUMLAND GmbH

Generation:	*1. und 2. Generation*
Rolle in der Unternehmerfamilie:	*Nachfolgerinnen*
Mitarbeiteranzahl:	*15*
Gründung:	*1984*

Die Schwestern Marie-Luise und Katharina sind Sekt-Winzerinnen mit Herz und Seele. Bevor sie dies wurden, studierten beide BWL. Marie-Luise schloss ein Weinbaustudium in Montpellier (Frankreich) an, während Katharina Weinbau und Önologie in Geisenheim studierte. Nachdem beide bei renommierten Weingütern im In- und Ausland Erfahrung gesammelt hatten, kehrten sie in den Familienbetrieb zurück und widmen sich seither voller Leidenschaft gemeinsam mit ihren Eltern der Sektherstellung. Marie-Luise ist vor allem für den Vertrieb und das Marketing verantwortlich, während Katharina die meiste Zeit in den Weinbergen und im Weinkeller verbringt.

Wie kommunizieren wir in der Unternehmerfamilie richtig?

Bereits seit der Kindheit hat unsere Mutter gepredigt, wie wichtig aktive Kommunikation in der Familie und darüber hinaus ist. Sie hat uns angehalten, immer offen und ehrlich zu sein und auch Dinge auszusprechen, die vielleicht ein bisschen unangenehm sind. Wir finden, das ist vor allem als Unternehmerfamilie wichtig. Zwar geht es oft möglicherweise „nur" um geschäftliche Dinge, aber wenn man die nicht anspricht und die Probleme nicht löst, dann schlägt das schnell auch auf die persönliche Beziehung durch – und das ist etwas, das man unbedingt vermeiden sollte. Wir sind eben auch Familie und nicht „nur" Geschäftspartner.

Das hört sich so einfach an. Die Schwierigkeit ist aber dabei, die Emotionalität aus den offen angesprochenen Themen zu nehmen. Ein Anspruch, dessen Umsetzung man bewusst erlernen muss und der mit Sicherheit ein Prozess ist, weil man ja nicht einfach sagen kann: „Okay, mache ich jetzt so." Tatsächlich ist es unheimlich schwierig, negatives Feedback oder Kritik im geschäftlichen Kontext in der Familie nicht doch persönlich zu nehmen. Man muss also lernen, Dinge weder persönlich zu formulieren noch persönlich aufzufassen, weil sie im geschäftlichen Umfeld wahrscheinlich sowieso gar nicht persönlich gemeint sind.

Wir haben eine sehr rege Kommunikation – als Familie wie auch als Geschäftspartner. Wir treffen uns jeden Tag zum gemeinsamen Mittagessen. Das heißt, zuerst essen wir, schalten etwas ab oder reden über Privates. Nach dem Mittagessen werden dann die geschäftlichen Themen besprochen. Es ist eine Art tagtäglicher Jour fixe, damit jeder in wichtige Entscheidungen involviert wird. Das ist wertvoll, um Themen mit dem Einverständnis aller vorantreiben zu können. Der Austausch innerhalb der Familie – sowohl aus privater wie auch geschäftlicher Sicht – erfolgt regelmäßig.

Wir bemühen uns, kontroverse Themen weder persönlich zu formulieren, noch sie persönlich aufzufassen.

*Marie-Luise und
Katharina Raumland*

Sven Keller (26)

BENSELER GmbH & Co. KG

Generation:	*2. und 3. Generation*
Rolle in der Unternehmerfamilie:	*NextGen*
Mitarbeiteranzahl:	*ca. 1000*
Gründung:	*1961*

Das Familienunternehmen BENSELER ist ein Automobilzulieferer in der Region Stuttgart. Das Unternehmen wird derzeit von Svens Tante in der zweiten Generation geführt. Sven ist wie sein Bruder Jan abseits des Familienunternehmens aufgewachsen, steht diesem jedoch in seiner Funktion als NextGen sehr nahe. Die operative Nachfolge im Familienunternehmen ist zwar noch nicht geklärt, jedoch hat die Familie für alle familiären und unternehmerischen Belange ihre Familienmaximen definiert, welche das Miteinander klar regeln. Sven engagiert sich derzeit hier zusammen mit anderen Familienmitgliedern der dritten Generation.

Wie kommunizieren wir in der Unternehmerfamilie richtig?

Weil wir in der zweiten und dritten Generation sehr eng miteinander verbunden sind – auch Weihnachten zusammen feiern oder gemeinsam in den Urlaub fahren – mussten wir lernen, die Familienkommunikation strikt von der Unternehmenskommunikation zu trennen. Das ist natürlich nicht immer ganz einfach, da durch die emotionale Nähe schon einmal Unhöflichkeiten, Vorurteile etc. ausgesprochen werden. Um es zu keinen für das Unternehmen gefährlichen Auseinandersetzungen kommen zu lassen, trennen wir deshalb die beiden Kommunikationsebenen bewusst. Das geht so weit, dass wir beispielsweise bei einem sicheren Messenger-Dienst mit Schweizer Server eine Familien-Chatgruppe haben, in der wir über Weihnachten reden, Bilder hochladen oder Ähnliches, also lauter private Dinge austauschen. Und dann haben wir eine Unternehmens-Chatgruppe, in der durchaus die Bilanzen oder eben unternehmensstrategische Entscheidungen besprochen werden. Dort geht es viel zivilisierter zu.

Auch wenn wir persönlich kommunizieren, wird eine klare Trennung zwischen Familie und Unternehmen gemacht. Um auf Unternehmensebene, gerade bei potenziellen Konfliktthemen, nicht in die Familienkommunikation zu verfallen, nehmen wir immer wieder Moderatoren oder

Mentoren dazu. Diese helfen uns, alte Muster zu durchbrechen, die Diskussionen auf einer sachlichen Ebene zu halten und eine produktive Streitkultur zu entwickeln. Sie haben uns auch gelehrt, dass es bestimmte Instrumente gibt, um die Kommunikation sachlich zu führen. Das beginnt bei so einfachen Dingen wie einem Gesprächsball, der dazu dient, dass niemandem ins Wort gefallen wird. Oder es gibt die simple Regel, die besagt, dass jeder zu Wort kommt – und zwar in unterschiedlicher Reihenfolge, wodurch nicht immer der Älteste, Erfahrenste oder Informierteste beginnt. Auch achten wir auf eine faire Verteilung der Gesprächsanteile. Das Wichtigste ist aber bei allem, dass man immer respektvoll, offen und ehrlich miteinander umgeht und Unterschiede in Meinung und Charakter toleriert. Wir haben also Regeln für eine faire Gesprächsführung festgelegt, damit uns auf Unternehmensebene konstruktive Diskussionen möglich sind, während wir auf Familienebene sehr emotional miteinander umgehen.

Wir haben auf Unternehmensebene Regeln festgelegt, um konstruktiv zu diskutieren, während wir auf Familienebene sehr emotional miteinander umgehen.

Sven Keller

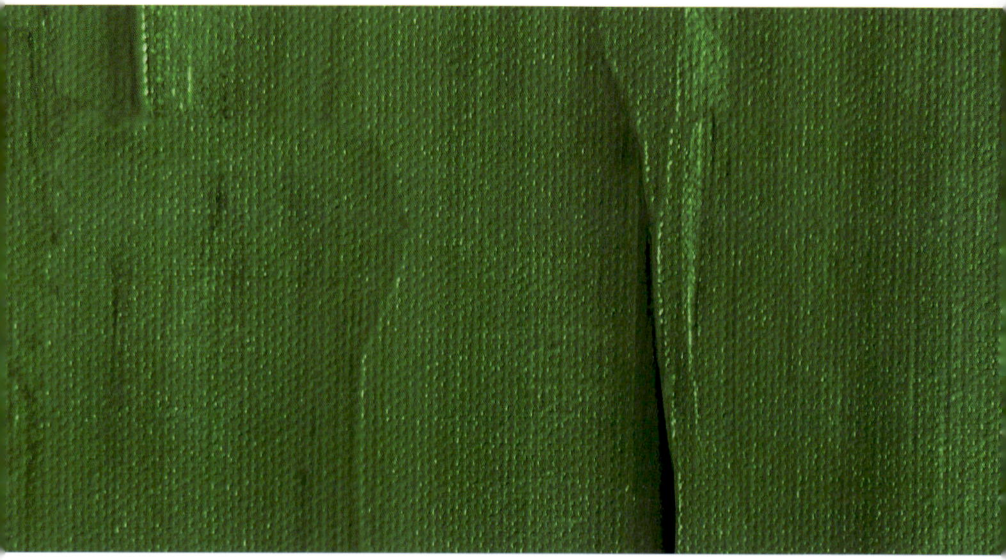

EQUA

Verantwortung
für Familienunternehmen
Gemeinnützige Stiftung

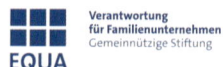

Kompetenzen

Welche Kompetenzen
sollten Nachfolger haben?

Miriam Förch (27)

Theo FÖRCH GmbH & Co. KG

Generation:	*1., 2. und 3. Generation*
Rolle in der Unternehmerfamilie:	*Gesellschafterin*
Mitarbeiteranzahl:	*ca. 3.350*
Gründung:	*1963*

Die allerwichtigste Kompetenz ist, ein gutes Gefühl dafür zu entwickeln, ob man bereit ist, sich der Verantwortung für das Familienunternehmen zu stellen.

Miriam Förch

Das Familienunternehmen von Miriam ist ein internationales Handelsunternehmen mit einem B2B-Produktsortiment im Bereich Werkstatt-, Montage- und Befestigungsmaterial. Es verfolgt dabei eine Multi-Channel-Strategie, also Direktvertrieb über Außendienstmitarbeitende und Niederlassungen aber auch Online-Verkauf. Miriam zählt zur dritten Generation und ist Gesellschafterin. Aus ihrer Generation ist noch niemand operativ im Familienunternehmen tätig. Die Nachfolgefrage ist also offen.

Die operative Unternehmensführung erfolgt derzeit durch Fremdmanagement. Die Unternehmerfamilie ist im Beirat positioniert, der mit der Geschäftsführung vor allem die strategische Weiterentwicklung der Unternehmensgruppe eng abstimmt. Familienmitglieder des Beirats sind Miriams Vater als Beiratsvorsitzender, ihr Opa (Unternehmensgründer) sowie ihre Tante.

Welche Kompetenzen sollten Nachfolger haben?

Natürlich sind fachliche Kompetenzen Voraussetzung. Dazu gehört für mich zum Beispiel ein abgeschlossenes Studium. Genauso wichtig sind aber auch praktische Erfahrungen. Diese sollte man meiner Meinung nach optimalerweise in einem anderen Unternehmen gesammelt haben. Ich glaube, das ist vor allem für die Akzeptanz im eigenen Familienunternehmen sehr wichtig. Man muss bewiesen haben, dass man etwas leisten kann, dass man externe Expertise besitzt und vielleicht sogar neue Ideen für das eigene Unternehmen mitbringt. Fast noch wichtiger als solch klassische Hard Skills sind aber bestimmte Soft Skills. Dazu zähle ich beispielsweise die intrinsische Motivation, die Nachfolge antreten zu wollen, aber auch die Wertschätzung den Mitarbeitenden sowie der eigenen Familie gegenüber.

Ebenso wichtig ist für mich eine gewisse Demut, das Familienunternehmen als Geschenk anzunehmen und umsichtig damit umzugehen. Da man sich das Fachliche aneignen und Expertise aufbauen, die Soft Skills hingegen eher weniger erlernen kann, sind diese meines Erachtens sogar noch wichtiger als die Hard Skills. Für mich hängen diese Soft Skills zum einen von den persönlichen Charaktereigenschaften ab, entstehen zum anderen aber auch durch die Sozialisation in der Unternehmerfamilie.

Sehr wichtig war für mich hier, dass meine Eltern uns Kindern immer die volle Freiheit ließen und uns nicht in eine Richtung drängten. So konnten wir unsere Persönlichkeiten gut entfalten. Zwar ist es durchaus nicht falsch, beispielsweise ein Wirtschaftsstudium zu absolvieren, allerdings glaube ich, dass dies keine Grundvoraussetzung für die Nachfolge ist, sondern dass man beispielsweise auch als Mediziner noch quereinsteigen kann, wenn man die richtige Motivation hat und gewillt ist, sich das nötige Wissen anzueignen. Trotz all dieser nüchternen Fakten denke ich, dass die allerwichtigste Kompetenz eines Nachfolgers ist, ein gutes Grundgefühl dafür zu entwickeln, ob man selbst für die Nachfolge geeignet ist und ob man bereit ist, sich der Verantwortung für das Familienunternehmen zu stellen.

Yasemin Öztürk (32)

ÖZTÜRK Döner Produktion GmbH & Co. KG

Generation:	*1. und 2. Generation*
Rolle in der Unternehmerfamilie:	*Assistenz der Geschäftsführung*
Mitarbeiteranzahl:	*65*
Gründung:	*1995*

Diese drei Kompetenzen braucht ein Nachfolger: Fachwissen, menschliches Gespür, Perspektivwechsel.

Yasemin Öztürk

ÖZTÜRK stellt Dönerfleischspieße her. Das Unternehmen wird derzeit vom Gründer als alleinigem geschäftsführenden Gesellschafter geleitet. Yasemin, die Tochter des Gründers, trat 2015 als Assistentin der Geschäftsführung in das Familienunternehmen ein. Diese Position hat sie heute noch inne. Yasemins Bruder ist als Prokurist ebenfalls im Familienunternehmen tätig.

Welche Kompetenzen sollten Nachfolger haben?

Meines Erachtens muss man drei Dinge als Nachfolger mitbringen: die richtige Ausbildung, die richtige Persönlichkeit und die richtige Erfahrung. Das klingt nach Allgemeinplatz, aber es ist in meinen Augen tatsächlich so.

Ich bin mir nämlich sicher, dass mein BWL-Studium eine bessere Voraussetzung ist, als es beispielsweise ein Medizinstudium gewesen wäre. Zwar ist inzwischen allgemein bekannt, dass man die im Studium gelernten Inhalte nicht eins zu eins im Unternehmen umsetzen kann, sondern dass man dort Theoriewissen erwirbt, das in der Praxis oft nicht anwendbar ist. Trotzdem zeigt sich bei der täglichen Arbeit, dass man dadurch Dinge schneller nachvollziehen, Abläufe besser verstehen kann.

Neben dem Fachwissen braucht man als Nachfolger auch ein gutes Gespür für Menschen. Ob man das hat, ist natürlich nicht so einfach festzustellen. Aber ich glaube, man kann das schnell einschätzen, wenn man sich erstens selbstkritisch betrachtet, indem man zweitens auf die Erfahrenen aus der Familie hört – auch wenn man hier ein echtes Feedback wohl meist aktiv einfordern muss – und indem man drittens genau beobachtet, wie sich die Mitarbeiter einem selbst gegenüber verhalten. Ja: Es geht nicht darum, wie du die Mitarbeiter behandelst, sondern wie sie dich behandeln. Ich glaube, hier wird rasch klar, ob man mit Menschen umgehen kann und ob man ein Gespür für sie hat.

Darüber hinaus sollte man unbedingt Erfahrung in einem anderen (Familien-)Unternehmen sammeln. Wenn ich überlege, wie viel ich nach dem Abitur vom Leben oder von der Wirtschaftswelt wusste, war das so gut wie nichts. Wenn man dann direkt ins eigene Familienunternehmen einsteigt, hat man nur die eine Perspektive. Bei der Arbeit in einem anderen Unternehmen sammelt man aber nicht nur allgemeine Arbeits- und Lebenserfahrungen, sondern es entsteht dadurch auch die Möglichkeit, das eigene Unternehmen zu vergleichen und quasi von außen zu betrachten. Viel wichtiger ist aber noch, dass man dort als „normaler" Angestellter arbeitet, also keine Führungsposition innehat. Wenn man auf der anderen Seite sitzt, erfährt man, wie sich ein Mitarbeiter fühlt.

Ja, diese drei Kompetenzen braucht man meines Erachtens als Nachfolger: Fachwissen, menschliches Gespür, Perspektivwechsel.

Vanessa Weber (41)

Werkzeug WEBER GmbH & Co. KG

Generation:	*4. Generation*
Rolle in der Unternehmerfamilie:	*Geschäftsführung, Gesellschafterin*
Mitarbeiteranzahl:	*24*
Gründung:	*1948*

Die erste und wichtigste Kompetenz ist Neugier, die zweite Durchhaltevermögen und die dritte die Fähigkeit zur Selbstreflexion.

Vanessa Weber

Als die 18-jährige Vanessa von ihrem Vater im Biergarten gefragt wurde: „Willst du die Firma übernehmen?", sagte sie aus einem Impuls heraus Ja. Und so übernahm sie mit 22 Jahren das Familienunternehmen. Werkzeug WEBER ist heute der führende Fachhändler für industrielle Werkzeuge im Rhein-Main-Gebiet.
Neben ihrer Tätigkeit als alleinige Geschäftsführerin ihres Familienunternehmens ist Vanessa Bloggerin, Fachautorin namhafter Publikationen und Influencerin rund um die Themen modernes Unternehmertum, Innovation und Führung.

Welche Kompetenzen sollten Nachfolger haben?

Die erste und wichtigste Kompetenz ist wohl Neugier. Die zweite ist Durchhaltevermögen, die dritte die Fähigkeit zur Selbstreflexion. Hat man die Nachfolge schon angetreten, dann braucht man viertens vor allem Menschenkenntnis. Denn wenn man falsche Mitarbeiter aussucht oder den falschen Leuten vertraut, dann kann das ganz schnell teuer werden. Und fünftens muss man bereit sein, Einsamkeit ertragen zu können. Da treffen sich beispielsweise alle Kollegen zum Kegeln und man selbst wird nicht dazu eingeladen. Und man fragt sich: *Warum? Ich bin doch total nett und meine Tür ist immer offen und ich mache alles und binde überall rosa Schleifchen drum.* Und trotzdem wirst du nicht gefragt, weil du der Chef bist.

Was ich bisher anführte, war allgemeingültig. Allerdings gibt es auch noch frauenspezifische Kompetenzen, die eine Nachfolgerin braucht. Die Schwierigkeit ist als Frau, dass man meist Männer (Väter) als Vorbild hat. Zuerst dachte ich, ich muss auch so sein, bis ich dann erkannt habe, dass ich aufgrund meiner anderen Kompetenzen meine eigene Rolle finden muss. Wenn man sich nämlich die Persönlichkeitsprofile anguckt, dann sind Männer ja doch eher dominant, Frauen hingegen meist ein bisschen harmoniebedürftiger. Für sie gibt es nicht nur gelb, rot und blau, sondern eben auch Mischfarben. Männer sagen leichter: „Es ist halt so. Ist mir egal, wie du das findest." Und Frauen versuchen eher, Kompromisse zu finden. Dabei braucht man als Chefin allerdings trotzdem – und das ist die Herausforderung für Frauen – Durchsetzungskraft und auch Konsequenz. Um die Balance aus Kompromiss- und Durchsetzungsfähigkeit zu schaffen, ist die von mir oben erwähnte Selbstreflektion sehr wichtig. Erst wenn man sich nämlich selbst kennt, ist man wirklich souverän.

Eine berufliche externe Erfahrung und fachliche Kompetenz finde ich nicht so entscheidend, vorausgesetzt, man besitzt die gleich zu Beginn von mir als wichtigste Eigenschaft angeführte Neugier. Denn dann genügt es meines Erachtens, auf Reisen oder beim Besuch von anderen Unternehmen (was ich häufig mache) den eigenen Horizont zu erweitern und so Erfahrungen zu sammeln, die man irgendwann nutzbringend für das Unternehmen einsetzen kann.

Clemens Johannes Wiedenhues (23)

ALLEGRON Group

Generation:	*1. und 2. Generation*
Rolle in der Unternehmerfamilie:	*Gesellschafter, Sparringspartner*
Mitarbeiteranzahl:	*80*
Gründung:	*1991*

Das Wichtigste ist, dass man wirklich versteht, was das Unternehmen macht, also die Produkte und Dienstleistungen genau kennt.

Clemens Johannes Wiedenhues

Die ALLEGRON Group ist ein Immobilienunternehmen, welches von der ersten Generation geführt wird, jedoch ist die zweite Generation bereits auf der Gesellschafterebene im Familienunternehmen involviert. Das Unternehmen ist im Besitz zweier Familien und entwickelt Immobilienportfolien aller Nutzungsarten und hält sie im Bestand. Kein Mitglied der nächsten Generation ist bisher operativ in die Firma eingestiegen. Clemens Johannes Wiedenhues hat aber eine beratende und unterstützende Rolle im Familienunternehmen und ist dort vor allem für das Thema Digitalvertrieb verantwortlich.

Welche Kompetenzen sollten Nachfolger haben?

Wenn man die operative Führungsrolle anstrebt, sollte man auf jeden Fall die klassischen Management-Kompetenzen besitzen, die man einfach braucht. Ich glaube, da unterscheiden sich Familienunternehmen von anderen Unternehmen nicht.
Das Wichtigste ist aber, dass man wirklich weiß und versteht, was das Unternehmen macht, also die Produkte und Dienstleistungen sehr genau kennt. Nur so ist der operative Nachfolger überhaupt in der Lage, unternehmensstrategisch zu denken. Ein kompetenter Nachfolger führt nämlich meines Erachtens das Unternehmen nicht nur einfach fort, sondern entwickelt es strategisch weiter.

Ich weiß nicht, wie es in anderen Unternehmerfamilien ist, aber bei uns habe ich als Nachfolger auch die Rolle eines kommunikativen Bindeglieds. Ich glaube, die Mitarbeiter sind bei vielen Themen den jungen Mitgliedern aus der Unternehmerfamilie gegenüber etwas offener. Das bedeutet aber, dass von mir neben der detaillierten Kenntnis des Unternehmens und neben strategischen Kompetenzen unbedingt auch eine ausgesprochen gute Kommunikationsfähigkeit und damit (echte!) Überzeugungskraft erwartet wird. Dies gelingt mir, indem ich einen guten Draht zu den Mitarbeitern und Kollegen aufbaue. Und das geht nicht nur durch eine gute sachbezogene Kommunikation, sondern vor allem auch dadurch, mit ihnen einfach mal freundlich zu quatschen. Wenn man dadurch eine vertrauensvolle Beziehung aufgebaut hat, kann man dann auch einmal Entscheidungen erklären, die in der Geschäftsführung getroffen wurden und die vielleicht nicht ganz so beliebt sind.

Eine gute und vertrauensvolle Kommunikation ist die Basis dafür, Menschen mitzunehmen und auch einmal behutsam in die richtige Richtung zu bugsieren, was bei uns durchaus meine Aufgabe und Rolle ist. Und dabei geht es nicht nur um Mitarbeiter, sondern auch um die Unternehmerfamilie: Denn auch hier muss man überzeugen können, und zwar so, dass das Gegenüber auch wirklich dahintersteht. Bei uns sollten Nachfolger diese Stärke unbedingt besitzen, denn wir sind überzeugt davon, dass man schon verloren hat, wenn man beginnt, mit Stimmrechten zu argumentieren.

Thomas Diehl (30)

Weingut DIEHL GbR | DIEHL Dienstleistung GmbH | DIEHL Gastronomie GmbH | DIEHL Investment GmbH | Thomas DIEHL UG

Generation:	*2. und 3. Generation*
Rolle in der Unternehmerfamilie:	*Geschäftsführung, Gesellschafter*
Mitarbeiteranzahl:	*5*
Gründung:	*1972*

> ## Begeisterung, Bescheidenheit und Mut sind wichtiger als branchenspezifisches und spezielles Fachwissen.

Thomas Diehl

Thomas Diehl ist in einer Winzerfamilie als Einzelkind aufgewachsen. Zunächst wollte er aber vom familieneigenen Weingut nichts wissen. Deshalb studierte er andere Fächer, arbeitete in anderen Branchen und lebte in vielen anderen Ländern. Aber trotz oder gerade wegen dieser Distanz bemerkte er allmählich immer deutlicher, wie sehr er das ökonomisch fragile familieneigene Weingut liebt und wie sehr er doch Unternehmer sein möchte. So hat er die Entscheidung getroffen, das Familienunternehmen zu übernehmen, es aber nicht nur als Weingut zu verstehen, sondern als Zentrum für verschiedene weitere unternehmerische Aktivitäten. Heute besitzt Thomas das Familienweingut, vier von ihm gegründete Firmen und ist Unternehmer aus vollem Herzen.

Welche Kompetenzen sollten Nachfolger haben?

Als mir bei meinem Praktikum bei ROCKET INTERNET jemand sagte: „Thomas, du bist ein Generalist, du wirst niemals Experte", begriff ich das als Beleidigung. Ich verstand nicht, dass Generalist zu sein, eine wichtige Kompetenz und ein großer Vorteil für einen Familienunternehmer ist. Erstens sollte man in meinen Augen als Nachfolger Generalist sein, also jemand, der Themen schnell begreift, evaluiert und sich dann Experten für die Umsetzung holt. Das bedeutet aber auch, dass man Aufgaben delegiert, denn so schafft man viel mehr, als wenn man sich selbst in jedes Thema bis zum Expertentum hineinarbeitet und zum Flaschenhals wird. Das ist zwar für jede Führungsperson wichtig, aber für Nachfolger vielleicht besonders, weil man als solcher ja diese Generalistenrolle nicht gelernt hat, sondern immer in der ausführenden, zweiten Reihe hinter dem Senior stand.

Darüber hinaus sollte man sich permanent in Frage stellen und Distanz zu dem aufbauen, was man tut, sowie das eigene Handeln regelmäßig hinterfragen. Selbstkritik ist also eine wichtige Kompetenz.

Am allerwichtigsten ist aber eine tief empfundene Begeisterung für das tägliche Tun. Das ist vielleicht weniger eine Kompetenz als eine Charaktereigenschaft, genauso wie die echte Bescheidenheit, um nicht in Überheblichkeit abzudriften. Eine weitere, sehr wichtige und hilfreiche Eigenschaft ist aber vor allem, den Mut zu haben, neue Wege zu gehen. Denn gerade als Nachfolger muss man oft mit vielen lieb gewonnenen Routinen aufräumen.

Diese genannten Eigenschaften sind eher persönliche Kompetenzen. Aber diese sind in meinen Augen wichtiger als spezielles und branchenspezifisches Fachwissen. Ich bin das beste Beispiel dafür, denn ich führe heute ein Weingut erfolgreich, obwohl ich nicht Weinbau studiert habe. Wenn man eine echte Begeisterung für das Unternehmen und dessen Produkte besitzt, dann kann man sich das, womit man im täglichen Tun konfrontiert ist und was man wirklich braucht, auch recht einfach „on the go" aneignen, im Sinne von „Learning by Doing".

Martina Reischmann (38)

REISCHMANN GmbH & Co. KGaA

Generation:	*5. und 6. Generation*
Rolle in der Unternehmerfamilie:	*NextGen, Sparringspartnerin*
Mitarbeiteranzahl:	*ca. 1.000*
Gründung:	*1860*

Neben einer Vision brauchen Nachfolger auch Umsetzungsstärke, um das Unternehmen in eine erfolgreiche Zukunft zu führen.

Martina Reischmann

Martina Reischmann kommt aus einer bekannten Modehandelsdynastie im Süden Deutschlands. Nach verschiedenen Stationen in Textilunternehmen im In- und Ausland war es zunächst ihr Ziel, die operative Nachfolge im Familienunternehmen anzutreten. Am Ende eines halbjährigen Nachfolgeprozess entschied sie sich jedoch vorerst für einen Weg außerhalb des Familienunternehmens. Das Unternehmen wird heute nach wie vor von der Vorgeneration – also von ihrem Vater und ihren beiden Onkeln – geführt. Es gibt zehn potenzielle Nachfolger aus der sechsten Generation der Reischmann-Familie, die in Bezug auf Alter, Ausbildung und Nähe zum Unternehmen sehr divers sind. Martina fördert den Austausch innerhalb der Reischmann-NextGen, um den Weg für eine gelungene Nachfolge zu ebnen. Darüber hinaus hat sie ihre Berufung darin gefunden, andere NextGens aus Unternehmerfamilien dabei zu unterstützen, ihre Rolle im Familienunternehmen zu finden und sich ideal darauf vorzubereiten.

Welche Kompetenzen sollten Nachfolger haben?

Fachkompetenz und Führungsstärke sind natürlich die Basis. Darauf aufbauend sehe ich eine wesentliche Kompetenz in der Veränderungsfähigkeit. Wer heutzutage Nachfolger ist, wird in einer Welt groß, die sich extrem schnell verändert. Eine gute Ausbildung zu haben reicht daher nicht. Lebenslanges Lernen, Flexibilität im Denken und die Bereitschaft, sich selbst zu reflektieren und die eigene Rolle zu verändern, sind enorm wichtig für die heutige NextGen, um langfristig erfolgreich sein zu können. Der zweite Punkt ist, dass man eine hohe intrinsische Motivation braucht. Als Nachfolger trägt man oft schneller Verantwortung als andere, und auch Rückschläge gehören dazu. Ein positives Mindset und eine hohe Motivation, etwas bewegen zu wollen, haben mich immer angetrieben.

Wer als Nachfolger im Unternehmen aktiv ist, muss in der Regel mit Führungskräften und Mitarbeitern aller Hierarchieebenen auf Augenhöhe kommunizieren können. Dies erfordert eine gute Menschenkenntnis sowie eine hohe Kommunikationsfähigkeit. Diese Stärken bilden gleichzeitig die Basis, um sich ein gutes Netzwerk aufbauen zu können. Führung fußt heute nicht mehr darauf, alles selbst am besten zu wissen, sondern die Mitarbeiter zu gewinnen, die die passenden Skills mitbringen, und sie so einzusetzen, dass sie ihr volles Potenzial entfalten können. Aus diesem Grunde sollte man die Fähigkeit besitzen, die Menschen im eigenen Umfeld einschätzen zu können und gute Beziehungen sowie ein Vertrauensverhältnis zu ihnen aufzubauen.

Eine weitere wichtige Kompetenz für Nachfolger ist es auch, visionär zu sein und die Auswirkungen gesellschaftlicher Trends auf das eigene Business antizipieren zu können. Neben einer Vision brauchen Nachfolger zuletzt auch Umsetzungsstärke, um das Unternehmen in eine erfolgreiche Zukunft zu führen.

Generations-
wechsel

Was sind die Herausforderungen
beim Generationswechsel?

Paul Lechner (23)

ZILLERTAL Bier Getränkehandel GmbH

Generation:	*16. Generation*
Rolle in der Unternehmerfamilie:	*Nachfolger*
Mitarbeiteranzahl:	*70*
Gründung:	*1500 (seit 1678 in Familienbesitz)*

Paul entstammt einer langen Brauer-Dynastie, die seit 16 beziehungsweise 17 Generationen eine Brauerei mit Gasthaus besitzt und betreibt sowie das jahrhundertealte „Gauder Fest" mit jeweils 30.000 Besuchern im Mai jeden Jahres gemeinsam mit dem Tourismusverband, der Gemeinde und ortsansässigen Vereinen ausrichtet. Derzeit wird die Brauerei von seinen Eltern und das Hotel von seinem Onkel geführt, jedoch nimmt auch die Großmutter noch Einfluss. Paul hat einen Zwillingsbruder und noch zwei weitere Geschwister. Er schließt gerade sein Bachelorstudium ab und kann sich gut vorstellen, den Betrieb zu übernehmen, nachdem er externe Berufserfahrungen gesammelt hat.

Was sind die Herausforderungen beim Generationswechsel?

Bei uns gibt es besondere Herausforderungen, weil sich die Brauerei samt Gasthof seit 1638 in Familienbesitz befindet. Durch diese lange Tradition fühlt man sich irgendwie verpflichtet, den Betrieb zu übernehmen und fortzuführen. Man will also aus einem stolzen Pflichtgefühl heraus durchaus nachfolgen. Andererseits wird in unserer Familie seit 16 Generationen der Betrieb nur von einem Erben übernommen. Deshalb ist es für uns wohl auch so schwierig, den Generationswechsel zu vollziehen, denn meine Oma hält immer noch 100 % der Anteile. Zwar führen eigentlich meine Mutter mit meinem (angeheirateten) Vater die Brauerei und mein Onkel das Hotel mit Restaurant, aber trotzdem hat der Generationswechsel noch nicht stattgefunden – das ist ein ganz offensichtliches Tabuthema. Und weil alle Angst davor haben, dass sich die Familie deswegen zerstreitet, wird überhaupt nicht darüber gesprochen. Da sich meine Mutter wohl als Haupterbin fühlt, redet sie auch immer wieder meinem Onkel in das Hotel-Business hinein, was der sich dann als Einmischung verbittet. Und meine Oma will immer wieder auf das Bauerei-Geschäft Einfluss nehmen, was mein Vater ablehnt. Da also der Generationswechsel von meiner Oma auf meine Mutter nicht wirklich vollzogen

Paul Lechner

Dass es weiterhin nur einen Erben gibt, ist immer noch richtig, auch wenn das nicht mehr zeitgemäß erscheint.

ist, hängt diesbezüglich auch unsere Generation in der Luft. Wir haben ein einziges Mal auf einer Autofahrt darüber gesprochen. Und da wurde einfach aufgeteilt: Mein Bruder führt das Hotel und ich leite eben die Brauerei. Über meine beiden kleineren Geschwister wurde nicht gesprochen.

Wahrscheinlich gab es in den 16 Vorgenerationen diese Probleme beim Generationswechsel weniger, weil man schlicht früher starb – und dann hat einfach der älteste Sohn nach dem Tod des Vorgängers das Unternehmen weitergeführt. Jetzt müsste man es wohl so machen, dass sich in Analogie zum alten Muster der Vorbesitzer aus dem Unternehmen komplett zurückzieht, um Konflikte zu vermeiden. Richtig ist es meines Erachtens, dass es weiterhin nur einen Erben gibt, auch wenn das nicht mehr zeitgemäß erscheint. Nur so kann man als kleinere Brauerei schnell auf Kundenwünsche reagieren und am Markt bestehen.

Henning Kortmann (34)

KORTMANN Beton GmbH & Co. KG

Generation:	*3. Generation*
Rolle in der Unternehmerfamilie:	*Geschäftsführung, Gesellschafter*
Mitarbeiteranzahl:	*160*
Gründung:	*1950*

Henning Kortmann ist bereits mit 22 Jahren in das Familienunternehmen eingestiegen – eher unerwartet als geplant. Um trotzdem fachlich gut ausgebildet zu sein, absolvierte er nebenher ein duales Studium. Seit 2014 ist Henning Geschäftsführer der kleinen Unternehmensgruppe, die aus einem Betonwerk, einem Estrichverlegbetrieb, einem Baustoffhandel sowie aus seinem eigenen Start-up besteht. Henning hat noch einen Bruder, welcher im Labor des Betonwerks arbeitet und Mitgesellschafter ist. Seine beiden Schwestern sind weder operativ tätig noch sind sie Gesellschafterinnen.

Was sind die Herausforderungen beim Generationswechsel?

Bei uns wurde über den Generationswechsel eigentlich nie gesprochen, weshalb es auch gar keinen Plan gab. Als dann mein Vater krank wurde, und ich mit 22 Jahren relativ unerwartet ins Familienunternehmen einstieg, war nichts geklärt. Ich dachte, das sei normal und richtig, und machte mir überhaupt keine Sorgen. Ich hatte keine Ahnung, dass das höchst gefährlich ist. Ich sprach es auch nicht an oder fragte nach, weil ich ja gar nicht wusste, dass wir hier ein riesiges Defizit hatten und ein extrem großes Risiko eingingen.

„Aufgewacht" bin ich eigentlich erst bei einer Veranstaltung unseres Verbands. Da gab es einen Vortrag über den Generationswechsel. Dieser wurde in fünf Phasen aufgeteilt. Und da wurde mir schlagartig klar, dass ich bei Phase 0 stand, obwohl ich schon im Unternehmen arbeitete und der Generationswechsel faktisch bereits vollzogen war – und obwohl ich noch nicht einmal wusste, ob ich das eigentlich überhaupt machen wollte. Ich habe es zwar gemacht, aber mir nie Rechenschaft darüber abgelegt, ob ich es auch tatsächlich will. Plötzlich

Henning Kortmann

Den Generations-
wechsel erlebt
jeder nur einmal,
weshalb es keine
Erfahrung damit gibt.

wusste ich, dass das ein riesiger Berg war, den wir da vor uns hatten. Ich fühlte mich unvorbereitet. Immerhin ging es um ziemlich viel Geld und es waren recht viele Familienmitglieder
irgendwie daran beteiligt, mit denen ich ja auch weiterhin noch unterm Weihnachtsbaum
sitzen wollte. Also holten wir externe Hilfe. Mir war plötzlich klar, dass wir einen Masterplan
brauchten, bei dem geklärt werden musste, wer im Unternehmen auf welcher Position arbeiten und wer wie viele Anteile bekommen sollte. Wenn man das nicht geklärt hat, braucht
man die anderen Themen auch nicht zu diskutieren. Natürlich wurde es dann ein längerer
Prozess, bei dem tausend Sachen hundertmal angepasst wurden, aber es hat sich gelohnt.
Jetzt ist bei uns der Generationswechsel geklärt; aber ohne fachlich und menschlich sehr
gute externe Hilfe hätten wir es nicht geschafft. Denn einen Generationswechsel hat man
als Unternehmer ja nur einmal im Leben, weshalb man ja auch gar keine Erfahrung, keine
Ahnung von der ganzen Sache hat.

Johannes Fritz (31)

ENSINGER Mineral-Heilquellen GmbH

Generation:	*4. Generation*
Rolle in der Unternehmerfamilie:	*Leiter Verkaufsinnendienst und Online-Bereiche, Gesellschafter*
Mitarbeiteranzahl:	*175*
Gründung:	*1952*

Die ENSINGER Mineralquellen wurde 1952 gegründet und befindet sich seit vier Generationen in der Hand der Großfamilie Fritz. Viele Familienmitglieder waren und sind im Unternehmen tätig. So auch Johannes Fritz, der als erster der vierten Generation 2016 eine aktive Rolle übernahm. Um einen harmonischen Generationswechsel zu ermöglichen, erarbeitet die gesamte Familie derzeit eine Familienstrategie.

Was sind die Herausforderungen beim Generationswechsel?

Obwohl es viele Herausforderungen beim Generationswechsel gibt, will ich hier den für mich wichtigsten Aspekt herausgreifen: Ich bin überzeugt, dass der Generationswechsel in einer Unternehmerfamilie nur dann funktioniert, wenn es ein tiefes Verständnis für die jeweils andere Generation gibt. Und damit meine ich ein respektvolles Verständnis und das ehrliche „Verstehenwollen" der anderen Generation. Also weder eine oberflächliche Harmonie im Sinne von „Friede, Freude, Eierkuchen" noch eine Ignoranz im Sinne von „das verstehst du sowieso nicht". Und dieses Verständnis muss wirklich gegenseitig sein. Ich muss mich also bemühen, die andere Generation richtig zu erfassen, aber ich muss es genauso der anderen Generation auch möglich machen, mich und meine Vorstellungen nachvollziehen zu können.

Ganz konkret bedeutet dies, dass ich als junge Generation die Rahmenbedingungen und das Selbstverständnis der früheren Zeit kennen muss, um zu verstehen, warum die alte Generation so gehandelt hat, so handeln will, so denkt. Es geht also um die Gründe für eine

Johannes Fritz

Beim Generations-
wechsel sind tiefes
gegenseitiges Verständnis
und echte Akzeptanz wesentlich.

bestimmte Tradition, eine bestimmte Routine, eine bestimmte Einstellung. Dasselbe gilt natürlich auch umgekehrt, denn es kann ja nicht nur eine Einbahnstraße von Jung nach Alt
sein. Auch die Jungen müssen erklären, in welchem Selbstverständnis sie leben und sie müssen unbedingt begründen, warum. Denn das, was für die alte Generation selbstverständlich
ist, scheint für sie nicht erklärungsbedürftig. Und das, was für die junge Generation selbstverständlich ist, scheint für diese wiederum nicht erklärungsbedürftig. Erläutert man es sich
aber gegenseitig, dann kann man das für mich absolut wichtige gegenseitige Verständnis
aufbauen. Dabei sind Selbstreflektion und Kommunikation über die eigenen Ansichten und
echte Offenheit für die Vorstellungen der Vorgeneration die wichtigsten Tools zum gegenseitigen Verständnis und zur gegenseitigen Akzeptanz.

Um den Generationswechsel für die Unternehmerfamilie und die Belegschaft souverän zu
gestalten und gute Lösungen für alle zu finden, sind tiefes gegenseitiges Verständnis und
echte Akzeptanz der Generationen die wesentlichen Voraussetzungen.

Helen Hodeige (31)

ROMBACH Firmengruppe

Generation:	*4. Generation*
Rolle in der Unternehmerfamilie:	*Asset Managerin*
Mitarbeiteranzahl:	*100*
Gründung:	*1936*

Im April 1936 wurde ROMBACH von Helens Urgroßvater als Verlag einer Freiburger Tageszeitung gegründet. Heute besteht die ROMBACH Firmengruppe aus zwei Verlagen, einer Druckerei, drei Buchhandlungen, zwei Konzertveranstaltern, einer Agentur für digitale Medien und einer Immobiliengesellschaft.
Helen wollte zunächst mit dem Familienunternehmen nichts zu tun haben und wurde Kriminalpolizistin. Doch das änderte sich mit der Geburt ihres ersten Kindes.
Heute ist sie in der Holding tätig und verwaltet die Immobilien der Firmengruppe. Der Generationenwechsel ist noch nicht vollzogen. Das Familienunternehmen wird nach wie vor von ihrem Vater und dem externen Geschäftsführer geleitet. Helen war bereits in unterschiedlichen Aufgabenfeldern und unterschiedlichen Funktionen im Unternehmen tätig.

Was sind die Herausforderungen beim Generationswechsel?

Die größte Herausforderung ist bei uns wohl, dass mein Vater und ich eine sehr unterschiedliche Persönlichkeit haben. Das muss natürlich nichts Schlechtes sein, aber daraus resultiert eine unterschiedliche Vorstellung davon, was Unternehmertum bedeutet und auch, dass wir ein unterschiedliches Führungsverständnis haben.

Eine zweite Herausforderung war bei uns, dass ich früher ganz klar formulierte, ich würde das Familienunternehmen nicht übernehmen. So suchte mein Vater eine andere Nachfolgelösung und installierte einen externen Geschäftsführer. Als ich mich dann doch für die Nachfolge entschied, wurde vereinbart, dass der Fremdgeschäftsführer, der mittlerweile sehr gut eingearbeitet war und dessen Erfahrung ich natürlich nicht aufholen konnte, sich mit mir die Aufgaben teilt und wir uns je nach Stärken und Schwächen ergänzen. Und mein

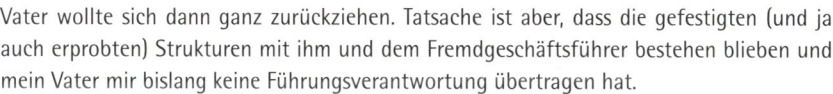

Helen Hodeige

Für uns ist es wichtig, uns von einem außenstehenden Dritten beim Generations- wechsel begleiten zu lassen.

Vater wollte sich dann ganz zurückziehen. Tatsache ist aber, dass die gefestigten (und ja auch erprobten) Strukturen mit ihm und dem Fremdgeschäftsführer bestehen blieben und mein Vater mir bislang keine Führungsverantwortung übertragen hat.

Als dritte Herausforderung sehe ich bei uns noch, dass es in meiner Familie bereits Familien-mitglieder gab, die in die Firmen eingestiegen waren und dann aus unterschiedlichen Grün-den das Unternehmen wieder verließen. Dieses „Scheitern" schwingt auch in meinem Nach-folgeprozess mit. Ich kann nur bedingt meine eigene Geschichte schreiben, meine Ideen einbringen, weil die Angst, dass ich scheitern könnte, auf der anderen Seite sehr groß ist.

Aufgrund dieser speziellen Herausforderungen war und ist es für uns ganz wichtig, uns von einem außenstehenden Dritten beim Generationswechsel begleiten zu lassen – auch wenn es viel Geld kostet und mit großem Aufwand verbunden ist. Diese Mühe ist jedoch wahn-sinnig gut investiert. Ohne diesen persönlich unabhängigen Berater wäre es uns (nämlich meinem Vater, meiner Schwester, unserem externen Geschäftsführer und mir) nicht möglich gewesen, persönliche Belange anzusprechen, Bedürfnisse zu artikulieren und eben gemein-same Lösungen zu suchen.

Maximilian Roos (30)

ROOS Vehicle Logistics GmbH |
SCHERM Gruppe

Generation:	*2. und 3. Generation*
Rolle in der Unternehmerfamilie:	*Geschäftsführung, Gesellschafter*
Mitarbeiteranzahl:	*1650*
Gründung:	*1972 und 2018*

Maximilian würde seinen eigenen Weg nicht als klassischen Nachfolgeprozess beschreiben. Zunächst stieg er nämlich ohne Ausbildung und Studium als Azubi in das
Familienunternehmen ein. Gleichzeitig fand aber der Generationswechsel von der
ersten auf die zweite Generation statt, also von seiner Großmutter auf seinen Onkel.
Um ein Kundenproblem in einer Sparte des Familienunternehmens zu lösen, gründete Maximilian 2018 sein eigenes Unternehmen. Derzeit wird diese Sparte des alten Familienunternehmens in seine neue Firma integriert.

Was sind die Herausforderungen beim Generationswechsel?

Es gibt mannigfaltige Herausforderungen beim Generationenwechsel. Und jede ist für sich
individuell. Ich möchte deshalb nicht den Anspruch erheben, einen generell anwendbaren
Königsweg zu definieren. Vielmehr kann ich nur meine persönlichen Erfahrungen teilen.

Für mich war ich selbst die größte Herausforderung. Denn ich habe etwas Zeit gebraucht, bis
ich verstanden habe, dass Lernen bedeutet, sich selbst zurückzunehmen, und dass Weiterkommen heißt, nicht aufzugeben, wenn es schlecht läuft. Gerade das fiel mir leider oft sehr
schwer. Wenn ein Projekt in eine schwierige Phase kam und nicht auf Anhieb so erfolgreich
schien, wie zu Beginn vorgestellt, war ich schnell dabei, es wieder einzustampfen und nicht
weiterzumachen. Dabei ist es als Unternehmer genau dann wichtig dranzubleiben. Diese
Erkenntnis habe ich erst in meiner eigenen Firma gewonnen. Was aber auch wieder gut war.
Denn weil ich nicht in das gemachte Nest gesetzt wurde, musste ich glücklicherweise selbst

Maximilian Roos

Die großen Heraus-

forderungen beim

Generationswechsel

waren, mich einerseits

zurückzunehmen und

andererseits auch gegen

Widerstände durchzuhalten.

aktiv werden und mir bestimmte Freiheiten erringen. Im Nachhinein bin ich meiner Familie sehr dankbar, denn ohne diese Erfahrung würde ich die unternehmerische Verantwortung nicht so wertschätzen.

Eine weitere Herausforderung, die mich geprägt hat, ist das Erkämpfen von Verantwortung. Es ist für Eltern sicherlich nicht einfach, dem eigenen Kind, das man noch in Windeln vor Augen hat, in jungen Jahren Verantwortung zu übertragen. Umso wichtiger ist es, sich diese Verantwortung zu erarbeiten und sie dann auch einzufordern.

Die großen Herausforderungen beim Generationswechsel waren für mich, mir nicht selbst im Weg zu stehen und zu lernen, mich einerseits zurückzunehmen und andererseits auch gegen Widerstände durchzuhalten – und gleichzeitig der älteren Generation zu zeigen, dass ich Verantwortung tragen will und kann.

Marie-Luise (30)
und Katharina Raumland (28)

Sekthaus RAUMLAND GmbH

Generation:	*1. und 2. Generation*
Rolle in der Unternehmerfamilie:	*Nachfolgerinnen*
Mitarbeiteranzahl:	*15*
Gründung:	*1984*

Die Schwestern Marie-Luise und Katharina sind Sekt-Winzerinnen mit Herz und Seele. Bevor sie dies wurden, studierten beide BWL. Marie-Luise schloss ein Weinbaustudium in Montpellier (Frankreich) an, während Katharina Weinbau und Önologie in Geisenheim studierte. Nachdem beide bei renommierten Weingütern im In- und Ausland Erfahrung gesammelt hatten, kehrten sie in den Familienbetrieb zurück und widmen sich seither voller Leidenschaft gemeinsam mit ihren Eltern der Sektherstellung. Marie-Luise ist vor allem für den Vertrieb und das Marketing verantwortlich, während Katharina die meiste Zeit in den Weinbergen und im Weinkeller verbringt.

Was sind die Herausforderungen beim Generationswechsel?

Die Herausforderungen der älteren Generation übertragen sich oftmals auch auf die jüngere Generation und gehen Hand in Hand. Wir beziehungsweise unsere Eltern haben selbst gemerkt, dass es nicht immer leichtfällt, sofort loslassen zu können und den Jungen zuzugestehen, eigene Ideen umzusetzen und eigenständig voranzutreiben. Wie schwer das ist, zeigt ein ganz einfaches Beispiel von vor Kurzem: Wir haben gegenüber einem bekannten Händler eine neue Idee präsentiert, die meine Schwester und ich entwickelt hatten. Als wir damit fertig waren, kam unser Vater dazu und präsentierte die Idee nochmals aus seiner Sicht. So etwas passiert. Unser Vater identifiziert sich nach wie vor mit allen Geschäftsprozessen – was ja auch gut ist. Unsere und seine Ideen fühlen sich für ihn offensichtlich wie eins an.

30 Jahre lang war unser Vater der Pionier in der Sektherstellung. Fast im Alleingang hat er die Branche sowie unser Unternehmen umgekrempelt und auf ein neues Level gehoben. Große Abstimmungsrunden waren nie notwendig, da er ein „Einzelkämpfer" in der Branche

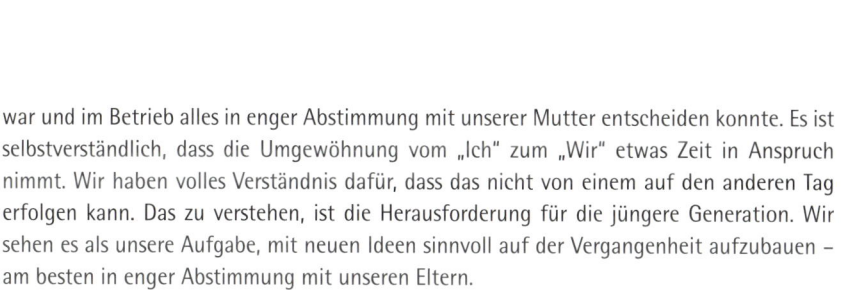

*Marie-Luise und
Katharina Raumland*

Die Umgewöhnung vom „Ich" zum „Wir" nimmt selbstverständlich etwas Zeit in Anspruch.

war und im Betrieb alles in enger Abstimmung mit unserer Mutter entscheiden konnte. Es ist selbstverständlich, dass die Umgewöhnung vom „Ich" zum „Wir" etwas Zeit in Anspruch nimmt. Wir haben volles Verständnis dafür, dass das nicht von einem auf den anderen Tag erfolgen kann. Das zu verstehen, ist die Herausforderung für die jüngere Generation. Wir sehen es als unsere Aufgabe, mit neuen Ideen sinnvoll auf der Vergangenheit aufzubauen – am besten in enger Abstimmung mit unseren Eltern.

Die größte Herausforderung für die jüngere Generation ist unseres Erachtens also, die Position der älteren Generation nachvollziehen zu können, sie zu akzeptieren und zu respektieren. Wir sind als Familie und Unternehmer gestärkt, wenn wir alte Werte und Tätigkeiten der Vergangenheit schätzen und wiederum sinnvoll mit innovativen Ideen ergänzen. In unserem Fall gehören zwei Generationen dazu. Wir arbeiten generationenübergreifend an einer Vision und stehen mit unserem Namen, mit unserem Gesicht und unserer Geschichte für ein Produkt von höchster Qualität und Emotion. Dabei ist das „Wir" stärker als das „Ich". Da wir uns als Familie sehr gut verstehen, funktioniert das auch in unserem Unternehmen wunderbar.

Sebastian von Landsberg-Velen (32)

Ferienzentrum Schloss DANKERN GmbH & Co. KG |
Schloss ARFF Event GmbH & Co. KG

Generation:	*3. Generation*
	(Ferienzentrum Schloss DANKERN)
Rolle in der Unternehmerfamilie:	*Geschäftsführung, Gesellschafter*
Mitarbeiteranzahl:	*500*
Gründung:	*12. Jahrhundert (Adelsgeschlecht),*
	1970 (Ferienzentrum Schloss DANKERN)

Sebastian stammt aus einem alten Adelsgeschlecht, dessen Wurzeln bis ins 12. Jahrhundert zurückreichen. Adelsfamilien waren mit der land- und forstwirtschaftlichen Nutzung ihres Grundbesitzes schon immer Unternehmer.
Wie flexibel-unternehmerisch die Familie Landsberg-Velen heute denkt, zeigt die aktuelle Nutzung ihrer Schlösser. Schloss DANKERN ist mittlerweile eine der größten Ferienanlagen Deutschlands. Schloss ARFF wird als Eventlocation sowie Renn- und Freizeitstall betrieben. Das vom Großvater (Manfred Freiherr von Landsberg-Velen) gegründete Ferienzentrum Schloss DANKERN wird heute in dritter Generation von Sebastians Bruder Christian geführt. Sebastian selbst leitet die Eventlocation und die Stallungen von Schloss ARFF. Daneben arbeitete er mehrere Jahre für die KOELN-MESSE und verantwortete in diesem Zusammenhang die operative Leitung des deutschen Pavillons auf der Expo 2020.

Was sind die Herausforderungen beim Generationswechsel?

Eine große Herausforderung ist, am Ball zu bleiben. Der Generationswechsel ist ungewohnt und nicht immer angenehm. Und da möchte man ihn gerne aufschieben. Die meisten Familienunternehmer sind natürlich ihrem Unternehmen zugetan, da sie das Unternehmen 30, 40 Jahre und länger geleitet haben. Sie können sich nicht vorstellen, dass auf einmal jemand anderes entscheidet. Sie wollen sich deshalb nicht so gerne mit der Übergabe auseinandersetzen. Meine Eltern und mein Bruder mit seiner Frau haben sich diesbezüglich früh und intensiv ausgetauscht und überlegt, wie und zu welchem Zeitpunkt die Verantwortung von der einen auf die andere Generation übertragen werden soll.

Sebastian
von Landsberg-Velen

Die Herausforderung ist, alte Strukturen aufzubrechen und trotzdem der Vorgängergeneration zu vermitteln, dass sie nichts falsch gemacht hat.

Eine ganz große Herausforderung ist auch die Intervention nach der Übergabe, wenn der frühere Chef oder die frühere Chefin immer wieder durchs Unternehmen geht und sich trotz erfolgter Übertragung der Verantwortung einmischt.

Außerdem ist es eine Herausforderung, einerseits alte Strukturen aufzubrechen und andererseits neue Prozesse zu implementieren und trotzdem der Vorgängergeneration zu vermitteln, dass sie nichts falsch gemacht hat, sondern dass sich die Rahmenbedingungen, die Zeiten, das Miteinander mit den Dienstleistern, das Gästespektrum etc. geändert haben.

Da ich mit Schloss ARFF selbst eine neue Firma und nicht das Kernunternehmen übernommen habe, gibt es hier kaum Reibungspunkte. Ich muss bei meinen Entscheidungen keine festgefahrenen Strukturen berücksichtigen. Ich stehe mit meinen Eltern im Austausch, verantworte aber alle Entscheidungen selbst. Stand jetzt haben wir keine großen Herausforderungen beim Generationswechsel. Vielleicht gibt es die, dann sind sie aber so minimal, dass sie unser familiäres Miteinander und unser unternehmerisches Tun und Handeln kaum beeinflussen.

Dr. Franz Christange (34)

EAD Energieabrechnungs-Systeme GmbH | ARASYS GmbH | TRIOWATT GmbH

Generation:	*2. Generation*
Rolle in der Unternehmerfamilie:	*Geschäftsführung*
Mitarbeiteranzahl:	*ca. 90 Mitarbeiter*
Gründung:	*1990*

Franz träumte immer vom Fliegen. Nachdem dieser Traum bei der Bundeswehr nicht in Erfüllung ging, entschied er sich für ein ziviles Studium der Elektrotechnik. Während seiner Promotion baute er eine von ihm geleitete universitäre Forschungsgruppe auf. Der begrenzte Einfluss als Wissenschaftler auf die tatsächliche Umsetzung bewegte ihn, die Forschungsgruppe an einen Nachfolger zu übergeben und ein eigenes Unternehmen (TRIOWATT) zu gründen. Sehr früh wurde klar, dass die Geschäftsidee des Start-ups viele Synergien mit dem Familienunternehmen bieten würde, das seine Eltern gegründet hatten und in dem sein Bruder neben ihnen Geschäftsführer war. Mittlerweile ist Franz neben seinem Vater Geschäftsführer bei der ARASYS und EAD Energieabrechnungs-Systeme, seine Mutter bei der EAD Eutermoser. Sein Bruder schied aus dem Familienunternehmen aus.

Was sind die Herausforderungen beim Generationswechsel?

Die größte Herausforderung ist es, eine neue Rollenverteilung zu finden, bei der alle Befindlichkeiten und Bedürfnisse berücksichtigt sind. Betrachten wir zuerst die jüngere Generation: Sie steckt in einem Zwiespalt. Denn zum einen erkennt sie die Angst der älteren Generation, dass die Jungen es noch nicht können. Und wenn man ehrlich ist, stimmt das ja auch, denn man kann ja niemals die lebenslange Erfahrung der Vorgänger haben. Deshalb stehen die Nachfolger unter Druck, sich keine Fehler zu erlauben und alles perfekt machen zu wollen. Zum anderen braucht die junge Generation aber auch die Freiheit, eigene Erfahrungen zu machen. Erfahrungen sammelt man aber nicht unbedingt in der Komfortzone, sondern vor allem da, wo es Probleme gibt. Das ist aber im Kontext des Generationswechsels geradezu ein Widerspruch. Diesen zu managen, ist für mich emotional oft ziemlich tiefgreifend. Und die ältere Generation hat natürlich das starke Bedürfnis nach Sicherheit. In meinem Fall hat sie das Unternehmen aufgebaut und groß gemacht. Zwar vertrauen meine Eltern ihren

Franz Christange

Die größte Herausforderung ist eine neue Rollenverteilung, bei der alle Bedürfnisse berücksichtigt sind.

Kindern, aber trotzdem haben sie dabei das Gefühl eines erheblichen Risikos, denn sie besitzen ja nicht die Erfahrung, wie es ist, Entscheidungskompetenz abzutreten und sich in eine gewisse Abhängigkeit zu begeben, zumal in einem selbst aufgebauten Familienunternehmen ja nicht nur ein paar Euro stecken, sondern materiell und emotional das ganze Leben der Gründer.

Um diese Bedürfnisse gut zu balancieren, sollte man unbedingt die individuellen Charaktereigenschaften berücksichtigen, die eigenen Stärken und Schwächen und die der anderen. Zum Zweiten ist Toleranz Voraussetzung. Und zum Dritten hat man echtes Verständnis für den anderen aufzubauen. Dabei hilft zum Vierten, wenn jeder Beteiligte offen über seine Vorstellungen und Bedürfnisse spricht. Das ist, glaube ich, der Schlüssel zum Erfolg beim Generationswechsel. Und jeder sollte sich klar sein, dass dieser Weg ein Prozess ist, der sich im Laufe der Zeit verändert, bei dem öfter adaptiert werden muss und nichts fixiert ist.

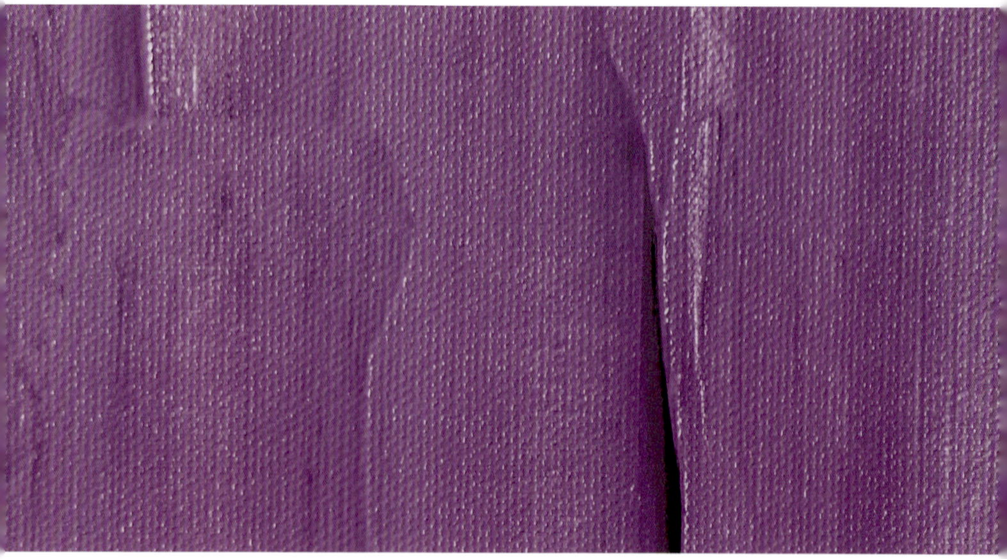

EQUA

Verantwortung für Familienunternehmen
Gemeinnützige Stiftung

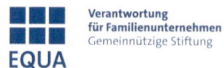

Rollenfindung

Wie finde ich meine eigene Rolle/
Position in der Unternehmerfamilie
und im Familienunternehmen?

Isabel Grupp (35)

PLASTRO Mayer GmbH

Generation:	*2. und 3. Generation*
Rolle in der Unternehmerfamilie:	*Geschäftsführung*
Mitarbeiteranzahl:	*250*
Gründung:	*1957*

1957 diversifizierte die Textilfirma TRIGEMA in die Kunststoffbranche, um ein weiteres Standbein aufzubauen. Dr. Franz Grupp leitete dieses Tochterunternehmen und spalte es im Sinne einer Realteilung 1976 vom Textilunternehmen als eigenständige Gesellschaft ab. Schon kurz später folgte ihm 1979 sein Sohn Johannes in die Geschäftsführung der PLASTRO Mayer GmbH. 2011 trat dessen Tochter Isabel als Trainee in das Familienunternehmen ein. Sie ist mittlerweile gemeinsam mit ihrem Vater in der Geschäftsleitung.

Wie finde ich meine eigene Rolle/Position in der Unternehmerfamilie und im Familienunternehmen?

Ich wusste lange nicht so richtig, wo ich stehe. Bis ich verstanden habe, dass ich zwei Rollen besitze: die Rolle der Tochter in der Unternehmerfamilie und die Rolle in der Geschäftsleitung im Familienunternehmen.

Die Rolle der Tochter war ja nicht so schwer zu finden, denn die habe ich natürlich schon, seit ich geboren bin. Allerdings läuft man Gefahr, dass einem diese Rolle abhandenkommt, das Verhältnis kippt und man plötzlich nur noch Geschäftspartner ist. Ich finde aber, dass ich trotzdem die Berechtigung habe, immer auch Tochter sein zu dürfen.

Viel schwerer war es, meine Rolle im Unternehmen zu finden. Ich musste erst einmal alle Bereiche durchlaufen, um festzustellen, was zu mir passt und was mir Spaß macht, wofür ich eine Leidenschaft entwickeln kann. Die Gretchenfragen sind immer: Was kann ich? Wofür brenne ich? Und was mache ich eigentlich nur, damit es getan ist? Ich fand dann für mich die Rolle des Kümmerers (Personal, Gesundheit, Organisation, Struktur), des Repräsentanten (Außendarstellung, Employer Branding, Marketing) und auch des Impulsgebers für die Zukunft (Digitalisierung, IT). Ich habe auch verstanden, dass meine Rolle nicht das „Mädchen für alles" sein kann, dass ich also auch Dinge, die ich nur tun würde, weil sie nun einmal gemacht werden müssen, delegieren kann und muss, um effizient zu sein und meine Stärken einzusetzen.

Die größte Schwierigkeit ist aber, diese beiden Rollen zu trennen – gerade gegenüber meinem Vater. Denn zum einen muss ich mit ihm wie mit einem Kollegen auf Augenhöhe kommunizieren, zum anderen bin ich aber auch seine Tochter, die ich ja auch sein will, die sich bei ihm durchaus einen väterlichen Rat holt und sich in seinem Schutz ganz wohlfühlt. Und ihm geht es ja genauso. Er hat dieselben Herausforderungen und vermischt die Rollen, indem er plötzlich vom Papa zum Geschäftsführer oder umgekehrt switcht. Das verlangt viel Reflektion und viel Feingefühl.

Ich habe verstanden, dass meine Rolle nicht das „Mädchen für alles" sein kann.

Isabel Grupp

Julia Ledermann (35)

EDDING AG

Generation:	*2. und 3. Generation*
Rolle in der Unternehmerfamilie:	*Beiratsvorsitzende*
Mitarbeiteranzahl:	*ca. 650*
Gründung:	*1960*

Das Familienunternehmen EDDING entwickelt im Rahmen seines Purpose „We care so that you dare to be who you are" Produkte und Dienstleistungen zum gestalterischen und arbeitsbegleitenden Ausdruck mit Farbe auf Oberflächen – dazu zählen Stifte, Marker, Farbspray, Tattoofarben sowie digitale Kommunikationslösungen. Julia wurde dort mit 18 Jahren Gesellschafterin. Um besser zu verstehen, wie Unternehmen funktionieren und welche Rolle ihr als Eigentümerin eines Unternehmens zukommt, studierte sie BWL und KMU-Management. Recht früh vertraute ihr der Großvater dann die Rolle als Vorsitzende des Gesellschafterausschusses an. Später wurde sie über diese Funktion auch Beirätin. Julia unterstützt aus der Gesellschafter- und Beiratsrolle heraus die Entwicklung des Unternehmens EDDING und fördert den Zusammenhalt in der Unternehmerfamilie.

Wie finde ich meine eigene Rolle/Position in der Unternehmerfamilie und im Familienunternehmen?

Zum einen bin ich zu meiner Rolle in der Unternehmerfamilie gekommen, weil die Nachfolgeregelung meines Großvaters das so vorsah. Mit 18 Jahren wurde ich automatisch und nur aufgrund meines Alters und meiner Familienzugehörigkeit Gesellschafterin bei EDDING, ohne mich dafür oder dagegen entschieden zu haben. Ich war also faktisch plötzlich Gesellschafterin eines Unternehmens. Das war irritierend für mich. Deshalb wollte ich mehr erfahren und erarbeitete mir ein immer besseres Verständnis, um mich in meiner Rolle wohlfühlen zu können. Außerdem wollte ich vor allem meinen Brüdern, Cousins und Cousinen erklären können, was sie in ihrer Rolle als Gesellschafter erwartet und Antworten auf ihre Fragen haben. Das beobachtete mein Großvater und schlug vor, mir die Rolle als Vorsitzende des Gesellschafterkreises zu übertragen. Ich wurde gewählt. Und wieder geriet ich faktisch in eine neue Rolle. Aber auch die wollte ich gestalten. Ich wollte und will einen Gesellschafterkreis entwickeln, der das Unternehmen genauso leidenschaftlich begleitet wie mein Großvater es führte.

Ich sah meine Aufgabe auch darin, die Familie anzuregen, gemeinsam eine Familienverfassung zu erarbeiteten, um die Grundlagen unserer Gesellschafterrollen zu definieren. Im Zuge der Erarbeitung unserer Familienmaximen wurde festgelegt, dass der Gesellschaftervorsitzende auch der Beiratsvorsitzende zu sein hat. In diese neue Doppelfunktion wurde ich gewählt. Und wieder habe ich faktisch eine neue Rolle. Wieder ist es ein Prozess für mich, sie zu leben und zu gestalten.

Aber was hat mich überhaupt dazu gebracht, die Rollen anzunehmen, sie auszufüllen und zu gestalten? Ich glaube, es gibt zwei Auslöser, eine Rolle aktiv anzunehmen: Etwas macht Spaß oder etwas stört dich. Wenn etwas Spaß macht, interessierst du dich, stellst Fragen, füllst die Rolle immer besser aus und gestaltest sie. Oder etwas regt dich auf, weshalb du es unbedingt ändern willst. Auch dann beginnst du, die Rolle zu gestalten.

Ich glaube, es gibt zwei Auslöser, eine Rolle aktiv anzunehmen: Etwas macht Spaß oder etwas stört dich.

Julia Ledermann

Norman Koerschulte (41)

KL-GROUP | KOERSCHULTE + Werkverein

Generation:	*3. und 4. Generation*
Rolle in der Unternehmerfamilie:	*Geschäftsführung*
Mitarbeiteranzahl:	*50*
Gründung:	*1920*

Karl und seine Frau Klara Koerschulte gründeten vor gut 100 Jahren in Lüdenscheid ein Handelsunternehmen für Werkzeug und Industriebedarf. Heute besitzt die KL-GROUP drei Standorte und bietet ein breites Produktsortiment aus den Bereichen Verbindungselemente, DIN-Normteile, Befestigungstechnik, Hand- und Elektrowerkzeuge, Schweißtechnik, Arbeitsschutz, Betriebsausstattung und Zerspanungstechnik an. Das Unternehmen wird derzeit von vier Geschäftsführern geleitet, zwei aus der älteren dritten Generation, zwei aus der nachfolgenden vierten Generation. Die Unternehmenskultur ist sehr dynamisch, hochinnovativ und von einem stark unternehmerischen Geist der jungen Generation geprägt.

Wie finde ich meine eigene Rolle/Position in der Unternehmerfamilie und im Familienunternehmen?

Meine Rolle als Unternehmer fand ich, indem ich mich zuerst verweigerte und nicht ins Familienunternehmen einsteigen wollte. Es widerstrebte mir nämlich total, die Rolle des Kronprinzen zu haben und eine Position zu bekommen, ohne dafür etwas zu leisten. Ich wollte mir unbedingt selbst beweisen, dass ich es aus eigener Kraft schaffe und nicht nur wegen meiner Geburt in einer entsprechenden Familie. Also habe ich mir eine Stelle in einem Großkonzern gesucht und arbeitete mich dort hoch. Das gab mir zum einen Selbstvertrauen in meine eigenen Fähigkeiten und zum Zweiten brachte es mir auch Fremdvertrauen im Familienunternehmen beziehungsweise bei seinen Stakeholdern ein. Dadurch konnte ich meine Rolle als Geschäftsführer im familieneigenen Unternehmen vor mir selbst und vor den anderen legitimieren.

Fast noch wichtiger als die Legitimation ist aber die innere Haltung. Um die Unternehmer-rolle gut ausfüllen zu können, muss man die unternehmerische Freiheit lieben – und damit einhergehend natürlich auch das unternehmerische Risiko. In einem Konzern macht man nicht das Richtige, sondern man macht das politisch Richtige. Im eigenen Familienunterneh-men aber lenkt man die Geschicke umfassend und ist letztverantwortlich: verantwortlich für das Unternehmen, für die Produkte, für die Mitarbeiter etc. Und das muss man wollen.

Ob man das aber auch kann und vor allem will, ob man also für die Unternehmerrolle ge-eignet ist, dafür gibt es eine Gretchenfrage: „Würdest du ein Start-up gründen, mit allen Risiken und allem Drum und Dran?" Wenn darauf kein uneingeschränktes „Ja" folgt, dann wird man die Rolle des Familienunternehmers nie ausfüllen können. Dann wird man höchs-tens Vermögensverwalter, aber nie ein innovativer Unternehmer, der immer wieder neue Ideen realisiert und damit Arbeitsplätze sichert und das Gemeinwohl stützt.

Für Verwaltertypen eignet sich meines Erachtens die Gesellschafterrolle, für Machertypen aber die Geschäftsführerrolle.

Für Verwaltertypen eignet sich die Gesellschafterrolle, für Machertypen aber die Geschäftsführer-rolle.

Norman Koerschulte

Yasemin Öztürk (32)

ÖZTÜRK Döner Produktion GmbH & Co. KG

Generation:	*1. und 2. Generation*
Rolle in der Unternehmerfamilie:	*Assistenz der Geschäftsführung*
Mitarbeiteranzahl:	*65*
Gründung:	*1995*

ÖZTÜRK stellt Dönerfleischspieße her. Das Unternehmen wird derzeit vom Gründer als alleinigem geschäftsführenden Gesellschafter geleitet. Yasemin, die Tochter des Gründers, trat 2015 als Assistentin der Geschäftsführung in das Familienunternehmen ein. Diese Position hat sie heute noch inne. Yasemins Bruder ist als Prokurist ebenfalls im Familienunternehmen tätig.

Wie finde ich meine eigene Rolle/Position in der Unternehmerfamilie und im Familienunternehmen?

Leider trennt man bei uns die Rolle in der Familie und im Unternehmen nicht – dachte ich. Aber wenn ich jetzt so darüber nachdenke, dann merke ich, dass wir eigentlich sogar ziemlich scharf trennen. Denn in der Familie bin und bleibe ich natürlich immer die Tochter. Aber im Unternehmen stecken wir so tief im operativen Tagesgeschäft, dass wir eigentlich keine Zeit haben, das Familiäre auszuleben. Wenn mein Vater zu mir ins Büro kommt oder ich zu ihm, dann geht es zu 99 % um Geschäftliches – dabei geht es dann doch ziemlich rational und argumentativ zu. Klar wird man auch manchmal emotional. Am Ende muss man aber rein rational entscheiden, denn im Geschäft geht es in erster Linie um die Firma, um die Gesundheit der Firma, um die Wirtschaftskraft und nicht um irgendwelche emotionalen Themen.

Hierbei meine Rolle zu finden, war gar nicht so einfach. Mein Vater ist ziemlich dominant, denn er hat jahrelang das Geschäft alleine geleitet. Er hatte die Entscheidungskompetenz und es gab niemanden, der ihn auch nur annähernd hätte unterstützen können. Deswegen war er gewohnt, alle Entscheidungen alleine zu treffen. Jetzt, wo mein Bruder und ich da sind, sind wir uns zu 95 % einig. Bei den übrigen 5 % gibt es unterschiedliche Auffassungen.

Wenn wir es dann so machen, wie mein Vater es will, dann sage ich: „Damit wir weiterkommen, halte ich mich jetzt raus, aber du sollst wissen, ich bin dagegen. Ich übernehme keine Verantwortung, wenn es schief geht. Wir machen es jetzt so, wie du es willst. Und dann schauen wir es uns an." Oder er sagt: „Okay, wir machen es so, wie du es sagst, und dann schauen wir einfach, ob es funktioniert."

Einen typischen Alleinentscheider kann man nur von einer anderen Meinung überzeugen, wenn man aktiv kommuniziert und die Vor- und Nachteile erklärt. Es gibt für mich hier keine andere Wahl. Und genau das ist meine Rolle im Unternehmen. Wie ich die gefunden habe? Ich habe zum einen versucht festzustellen, was ich einbringen kann, wo meine Kompetenzen liegen. Zum anderen habe ich gefragt, was das Unternehmen braucht, wo Lücken sind, wo ich an Lösungen mitarbeiten kann. So habe ich nach und nach meine Rolle gefunden: Sparringspartner für meinen Vater zu sein.

Ich habe überlegt, was ich einbringen kann, und gefragt, was das Unternehmen braucht.

Yasemin Öztürk

Lena Schaumann (31)

Möbel SCHAUMANN Kassel GmbH & Co. KG

Generation:	*3. und 4. Generation*
Rolle in der Unternehmerfamilie:	*Geschäftsführung*
Mitarbeiteranzahl:	*140*
Gründung:	*1912*

Um aus dem Schatten des Vaters zu treten, gründete Lena Schaumann in Berlin LUMIZIL – einen Onlineshop für Möbel. Nach fünf Jahren in ihrem Start-up stieg sie aber dann doch ins Familienunternehmen ein und verknüpft seitdem die über 100-jährige Tradition des Möbelhauses mit ihren Herzensthemen: Digitalisierung, New Work, Female Empowerment und Emotional Leadership. Heute ist Lena Geschäftsführerin von Möbel SCHAUMANN in vierter Generation, spricht in ihrem Podcast „Hermann & ich" mit anderen Nachfolgern über Familienunternehmen und ist darüber hinaus Nachfolge-Coach.

Wie finde ich meine eigene Rolle/Position in der Unternehmerfamilie und im Familienunternehmen?

Für mich war es eine echt große Herausforderung, meine eigene Rolle zu finden. Denn zunächst dachte ich, es sei ganz einfach und richtig, die Rolle meines Vaters zu kopieren. Irgendwann stellte ich aber fest, dass ich damit zunehmend unglücklich wurde. Deshalb habe ich dann ein Coaching gemacht. Erst hier begann ich zu hinterfragen, zu reflektieren. Es ging darum, Antworten auf die Fragen zu finden: Was bin ich eigentlich für ein Mensch? Was ist meine Vision? Was sind meine Stärken und Schwächen? Wie stelle ich mir das Unternehmen der Zukunft vor?

Im Zuge dessen habe ich auch verstanden, dass ich immer nur *eine* Lena sein will, also dass es keine private und keine Chef-Lena geben sollte, die nichts miteinander zu tun haben. Natürlich macht man manche Dinge privat, die man geschäftlich so nie tun würde, und umgekehrt. Trotzdem muss es im Großen und Ganzen zueinander passen. Es muss authentisch sein.

Wichtig war für mich bei der Rollenfindung auch folgende Erkenntnis: Mein Vater hat immer alles, was Zahlen im Unternehmen angeht, selbst gemacht. Außerdem hat er gern die Personalthemen delegiert, weil er darauf weniger Lust hatte. Und bei mir ist es genau andersrum. Ich bin eher der „People-Mensch" und nicht so sehr der Zahlenmensch. Man sollte schon hinterfragen, warum etwas auf dem Chef-Schreibtisch liegt: Weil es wirklich Chefsache ist oder weil es das Lieblingsthema des Chefs ist? Gegen Letzteres ist prinzipiell nichts einzuwenden, denn das sind dann auch seine Stärken. Aber bei einer Übernahme der Führungsrolle muss man schon genau überlegen, ob alle bisherigen angeblichen Chefsachen tatsächlich Chefsachen sind, ob diese den eigenen Stärken entsprechen, welchem Bereich man sich deshalb selbst widmet und welchen man delegiert.

Man sollte sich also wirklich trauen, die eigene Rolle völlig neu und anders als die des Vorgängers zu definieren und dabei – das ist ganz wichtig – möglichst authentisch bleiben.

Man sollte sich trauen, die eigene Rolle neu und anders als die des Vorgängers zu definieren und dabei möglichst authentisch bleiben.

Lena Schaumann

Martina Reischmann (38)

REISCHMANN GmbH & Co. KGaA

Generation:	*5. und 6. Generation*
Rolle in der Unternehmerfamilie:	*NextGen, Sparringspartnerin*
Mitarbeiteranzahl:	*ca. 1.000*
Gründung:	*1860*

Martina Reischmann kommt aus einer bekannten Modehandelsdynastie im Süden Deutschlands. Nach verschiedenen Stationen in Textilunternehmen im In- und Ausland war es zunächst ihr Ziel, die operative Nachfolge im Familienunternehmen anzutreten. Am Ende eines halbjährigen Nachfolgeprozess entschied sie sich jedoch vorerst für einen Weg außerhalb des Familienunternehmens. Das Unternehmen wird heute nach wie vor von der Vorgeneration – also von ihrem Vater und ihren beiden Onkeln – geführt. Es gibt zehn potenzielle Nachfolger aus der sechsten Generation der Reischmann-Familie, die in Bezug auf Alter, Ausbildung und Nähe zum Unternehmen sehr divers sind. Martina fördert den Austausch innerhalb der Reischmann-NextGen, um den Weg für eine gelungene Nachfolge zu ebnen. Darüber hinaus hat sie ihre Berufung darin gefunden, andere NextGens aus Unternehmerfamilien dabei zu unterstützen, ihre Rolle im Familienunternehmen zu finden und sich ideal darauf vorzubereiten.

Wie finde ich meine eigene Rolle/Position in der Unternehmerfamilie und im Familienunternehmen?

Das Finden der eigenen Rolle stellt für mich einen lebenslangen, spannenden Prozess dar. Dabei braucht es meines Erachtens vor allem zwei Dinge: den Blick nach innen auf die eigenen Stärken, Ziele und Bedürfnisse und den Blick nach außen auf die Möglichkeiten und Voraussetzungen im Familienunternehmen, aber auch die Alternativen dazu. Beide Blickwinkel haben sich bei mir im Laufe der Jahre verändert, nicht zuletzt durch die Geburt meiner Kinder, einen Wohnortwechsel und durch mehr Erfahrung.

Immer, wenn ich vor einer Entscheidung stand, habe ich mir drei Fragen gestellt: Erstens, wie stark kann ich dabei wachsen? Zweitens, passt der Schritt zu meinen Stärken? Zahlt er drittens auf eine mögliche Laufbahn im Familienunternehmen ein?

Mir persönlich hat es immer Spaß gemacht und auch geholfen, Erkenntnisse, Ziele und Visionen niederzuschreiben oder kreativ in einer Collage darzustellen. Die verschriftlichten Gedanken dienen als Kompass und ermöglichen, immer wieder abzugleichen, wie viel sich von dem realisiert hat, was ich mir vorgenommen hatte.

Über eine solche Selbstreflexion hinaus ist der Austausch mit einem Coach für mich bei der eigenen Rollendefinition die beste Investition, die ich mir vorstellen kann. Der kritische Blick von außen, die richtige Frage oder ein wertvoller Impuls zur rechten Zeit sind Gold wert.

Darüber hinaus schafft es bei der eigenen Rollenfindung Klarheit, wenn die Familie in einer Familienverfassung die Voraussetzungen und Rahmenbedingungen für einen Ein- und Aufstieg im Familienunternehmen geregelt hat.

Einen Plan B zu haben, sprich sich auch mit Optionen außerhalb des Familienunternehmens zu befassen, würde ich jedem empfehlen. Mir war immer wichtig, mich so aufzustellen, dass ich nah am Unternehmen bin und trotzdem unabhängig davon. So hatte ich die Freiheit mich vorerst für einen „Plan B" zu entscheiden und trotzdem bleibt unser Familienunternehmen für mich eine Herzensangelegenheit.

Das Finden der eigenen Rolle stellt für mich einen lebenslangen, span- nenden Prozess dar.

Martina Reischmann

Florian Rehm (44)

Mast-JÄGERMEISTER SE |
weitere Unternehmen

Generation:	*5. Generation*
Rolle in der Unternehmerfamilie:	*Chief Hunter*
Mitarbeiteranzahl:	*900*
Gründung:	*1878*

Da das Familienunternehmen emotional und geografisch weit von der Unternehmerfamilie entfernt lag, erfuhr Florian erst mit 17 Jahren, dass JÄGERMEISTER seiner Mutter und Großmutter gehört. Da sich damals niemand aus der Familie mit dem Unternehmen richtig identifizierte, war folgerichtig ein Verkauf angedacht. Aber dann zog die Großmutter ihre Fäden, um Florian doch als Nachfolger aufzubauen. Sie befähigte ihn, mit 22 Jahren das Family Office zu gründen, wodurch er gleichzeitig auch immer näher an das Familienunternehmen JÄGERMEISTER herangeführt wurde. Heute ist Florian Unternehmer und Investment-Manager. Auch seine Schwester ist in verschiedenen Gremien der Firma und der Vermögensverwaltung engagiert.

Wie finde ich meine eigene Rolle/Position in der Unternehmerfamilie und im Familienunternehmen?

Teile von den Rollen, die man als Unternehmerfamilienmitglied einnimmt, sind unveränderbar, während andere Teile immer wieder neu „gefunden", im Sinne von „angepasst" werden müssen. So ist bei mir beispielsweise die Rolle als Bruder oder als Unternehmenseigentümer gesetzt. Aber welche Funktion ich in dieser Rolle in der Familie und im Unternehmen dann einnehme, das muss immer wieder neu justiert werden – und das hängt nicht zuletzt mit persönlichen Eigenschaften oder Stärken und Schwächen zusammen. So bin ich beispielsweise in der Familie aufgrund meiner stark ausgeprägten emotionalen Intelligenz eine Art Hütehund, der ständig um die ganze Schafherde herumläuft und alle wieder zusammentreibt.

Um meine Rolle im Unternehmen zu finden, musste ich erst einmal erkennen, was ich kann und was ich nicht kann. Ich kann gut aufbauen, aber ich verwalte nicht gerne. Beim Organisieren komme ich an meine Grenzen. Aber ich habe ein gutes Gespür für Investitionen. So leite ich heute das Investment Committee des Family Office.

Um die eigene Rolle zu klären und immer wieder neu zu justieren, hilft es ungemein, wenn man die Aufgaben und Inhalte, die mit einer Rolle verknüpft sind, schriftlich fixiert. Zwar ist es manchmal anstrengend, Dinge in Worte zu fassen. Aber erst wenn man Sachverhalte benannt hat und auch aufschreiben kann, sind sie wirklich klar. Außerdem hat die Verschriftlichung den Vorteil, dass alles nachzulesen ist. So haben meine Schwester und ich unsere Vision auf einer Seite festgehalten und auf einer zweiten Seite festgelegt, welche Rollen alle in dieser Vision einnehmen. Diese Rollendefinition ist eigentlich die Basis all unseres Wirkens.

Um die eigene Rolle zu klären und immer wieder neu zu justieren, hilft die Aufgaben und Inhalte, die mit einer Rolle verknüpft sind, schriftlich zu fixieren.

Florian Rehm

Sinja Schrägle (20)

RATHGEBER GmbH & Co. KG

Generation:	*3. Generation*
Rolle in der Unternehmerfamilie:	*NextGen*
Mitarbeiteranzahl:	*325*
Gründung:	*1948*

Als Sinjas Urgroßvater das Unternehmen kurz nach dem Krieg gründete, handelte er mit Holzspielzeug, Musikinstrumenten und stellte Klebe-Etiketten her. Inzwischen produziert RATHGEBER an drei Standorten als Spezialist für Produkt-Kennzeichnungen Labels und Schilder verschiedenster Art für so gut wie alle Produkte, vom Koffer über Skier, Kaffeemaschinen bis zum Lastwagen. Das Familienunternehmen wird von Sinjas Eltern geführt, die auch beide Gesellschafter sind. Sie selbst kann sich vorstellen, operativ nachzufolgen. Ihre Schwester steckt noch im Findungsprozess.

Wie finde ich meine eigene Rolle/Position in der Unternehmerfamilie und im Familienunternehmen?

Ich denke, dass das Elternhaus den größten Einfluss darauf hat, wie man seine eigene Rolle findet. Weil meine beiden Eltern zusammen die Geschäfte führen, nahm bei uns zu Hause das Unternehmen immer sehr viel Raum ein. Irgendwie gab es davon nie so richtig Pause. Das habe ich aber nicht als negativ empfunden, denn mir wurde vermittelt, dass es zwar stressig ist, aber auch sehr abwechslungsreich und verantwortungsvoll und auf jeden Fall nicht beängstigend, sondern schaffbar. Also wuchs ich in der Vorstellung auf, dass auch ich das einmal selbst bewältigen könnte, weshalb ich mich schon früh in der Nachfolgerinnen-Rolle sah. Das spürte mein Vater wohl, weshalb er oft sagte, dass wir uns nie darauf verlassen dürften, das Unternehmen einfach einmal zu übernehmen. Und ich glaube, das spornte mich dann noch mehr an, mich in der Rolle der nächsten Geschäftsführung zu sehen. Folgerichtig begann ich dann ein BWL-Studium. Und das ist genau meins. Je älter ich werde, umso mehr weiß ich, dass ich mich in der Führung unseres Familienunternehmens sehe.

Um meine Rolle im Unternehmen auch gegenüber den Mitarbeitern gut zu finden, nehme ich mir ein Beispiel an meinen Eltern. Mein Vater baute nämlich zuerst ein neues Unternehmen als Tochterunternehmen auf, bevor er das Hauptunternehmen übernahm. Er musste also beweisen, dass er auch die nötigen Fähigkeiten und Kompetenzen hat. Ich könnte mir vorstellen, einen ähnlichen Weg zu gehen, um so meine Rolle im Familienunternehmen zu definieren.

Außerdem wünsche ich mir, dass meine Eltern noch einige Zeit dabeibleiben. Sie würden mich nämlich sicherlich dabei unterstützen, Vertrauen in meine eigenen Kompetenzen zu gewinnen. Das würde mir in meiner Rolle als Nachfolgerin natürlich helfen.

Um meine Rolle im Unternehmen auch gegenüber den Mitarbeitern gut zu finden, nehme ich mir ein Beispiel an meinen Eltern.

Sinja Schrägle

Dr. Timm Mittelsten Scheid (53)

VORWERK SE & Co. KG

Generation:	*5. Generation*
Rolle in der Unternehmerfamilie:	*Gesellschafter, Beirat*
Mitarbeiteranzahl:	*ca. 13.000 Festangestellte*
	und ca. 48.000 Berater
Gründung:	*1883*

VORWERK wurde in Wuppertal als Teppichfabrik gegründet. Heute produziert das Unternehmen Staubsauger, Küchenmaschinen, Kosmetik, betreibt eine Bank und investiert Venture Capital in junge Gründerteams. Der Gesamtumsatz beträgt 3,2 Mrd. Euro. Das Unternehmen wird derzeit von 30 Gesellschaftern gehalten, von drei angestellten Geschäftsführern geleitet und von einem achtköpfigen Beirat kontrolliert. Timm wuchs in einer politisch eher linksgerichteten Familie auf und stellte als Jugendlicher plötzlich fest, dass er zum „Klassenfeind" zählte. Mittlerweile engagiert er sich als Beirat zum Wohle der Firma und damit zum Wohle der Mitarbeiter. Er war maßgeblich an der Transformation von einer patriarchalen zu einer dezentraleren, eigenverantwortlicheren Unternehmensorganisation beteiligt.

Wie finde ich meine eigene Rolle/Position in der Unternehmerfamilie und im Familienunternehmen?

Das hat sehr lange gedauert, weil aufgrund meines politisch linken Hintergrunds meine Herkunft aus einer Unternehmerfamilie zunächst ausgeblendet war. Ich war nicht der Klassenfeind und wollte wie meine Freunde die Welt retten und die Ungerechtigkeit bekämpfen.

Drei Dinge haben mir dann bei der späten Rollenfindung geholfen: Erstens berief man mich in den Beirat. Nicht, weil ich es wollte oder weil ich so besonders befähigt gewesen wäre, sondern weil man mich aufgrund der damaligen Stammeslogik wählte. Mir wurde diese Rolle also zugewiesen. Aber dann habe ich sie doch irgendwie angenommen und ausgefüllt und begonnen, Verantwortung zu übernehmen. Zweitens habe ich bei einer Beiratsreise nach Mexiko zu unserer Tochterfirma festgestellt, wie wichtig es ist, dass es Arbeitgeber gibt. Es geht nicht darum, Mitarbeiter zu haben, sondern es geht darum, Leuten etwas zu geben, nämlich Arbeit, und damit ihre Existenz zu sichern. Es ist aber nicht nur das. Mit einer Arbeit ist ja auch eine Aufgabe und damit ein Sinn verbunden, was Würde verleiht. Plötzlich wurde mir die große soziale Komponente des Arbeitgeberseins bewusst. Und dann kommt noch drittens meine Persönlichkeit dazu. Ich bin, glaube ich, moralisch und geistig unabhängig und nicht obrigkeitshörig. Ich ruhe in mir und besitze ein gewisses Selbstbewusstsein. Ich habe nie den Anspruch, perfekt zu sein und alles zu wissen, weshalb es mir leichtfällt, zu hinterfragen.

Außerdem habe ich offensichtlich ein feines Gespür für Gruppendynamiken. So fand ich Mitstreiterinnen im Gesellschafterkreis und wir organisierten eine Familienstrategie – und führten das Unternehmen von einer patriarchalen zu einer eigenverantwortlicheren Organisation.

Trotzdem ist die eigene Rollenfindung nie abgeschlossen, denn ich muss mich in meiner Rolle nun wieder neu definieren, nachdem die Unternehmenstransformation mehr oder weniger beendet ist und es seit über einem Jahr glücklicherweise offizielle Familienkümmerer gibt.

Die eigene Rollenfindung ist nie abgeschlossen. Ich muss meine Rolle immer wieder neu definieren.

Timm Mittelsten Scheid

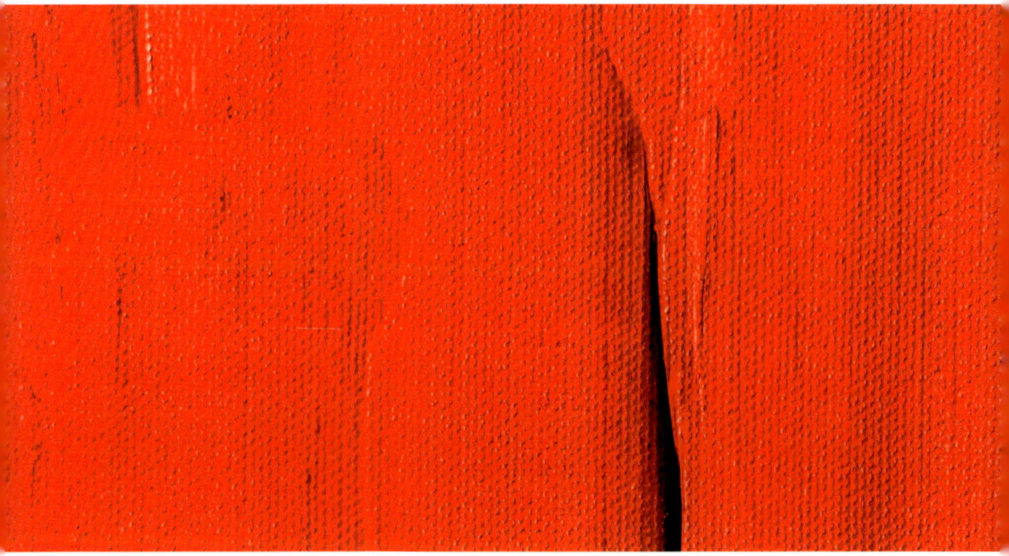

EQUA

Verantwortung
für Familienunternehmen
Gemeinnützige Stiftung

Veränderung

Wie gestalte ich
die nötigen Veränderungen
im Familienunternehmen mit?

Norman Koerschulte (41)

KL-GROUP | KOERSCHULTE + Werkverein

Generation:	*3. und 4. Generation*
Rolle in der Unternehmerfamilie:	*Geschäftsführung*
Mitarbeiteranzahl:	*50*
Gründung:	*1920*

Karl und seine Frau Klara Koerschulte gründeten vor gut 100 Jahren in Lüdenscheid ein Handelsunternehmen für Werkzeug und Industriebedarf. Heute besitzt die KL-GROUP drei Standorte und bietet ein breites Produktsortiment aus den Bereichen Verbindungselemente, DIN-Normteile, Befestigungstechnik, Hand- und Elektrowerkzeuge, Schweißtechnik, Arbeitsschutz, Betriebsausstattung und Zerspanungstechnik an. Das Unternehmen wird derzeit von vier Geschäftsführern geleitet, zwei aus der älteren dritten Generation, zwei aus der nachfolgenden vierten Generation. Die Unternehmenskultur ist sehr dynamisch, hochinnovativ und von einem stark unternehmerischen Geist der jungen Generation geprägt.

Wie gestalte ich die nötigen Veränderungen im Familienunternehmen mit?

Bei uns hat es in den letzten Jahren riesige Veränderungen gegeben – gerade im Bereich Digitalisierung. So haben wir beispielsweise eine Plattform für 3-D-Druck aufgebaut und sind wahrscheinlich der einzige deutsche Händler, der seine Ware mit Drohnen ausliefert. Und das, obwohl wir ein kleiner Mittelständler sind – kein Großkonzern mit Markt- und Finanzmacht. Das liegt natürlich an uns jungen Geschäftsführern, denn wir treiben die Veränderung voran.

Aber wie verbinden wir die alte Welt auf der einen Seite mit der neuen Welt auf der anderen? Natürlich ist eine Grundvoraussetzung dafür, dass die ältere Generation die jüngere Generation versteht und die neue Generation auch die alte. Das ist eine Binsenweisheit. Aber wahrscheinlich liegt es noch viel mehr an meiner sehr ausgeprägten Persönlichkeit. Ich bin ein Macher. Ich mache einfach und frage nicht lange, ob ich das darf. Denn für mich gibt es einen Leitspruch, nach dem ich auch handle: Lieber um Verzeihung bitten, als um Erlaubnis fragen.

Norman Koerschulte

Lieber um Verzeihung bitten, als um Erlaubnis fragen.

Um Veränderungen anzustoßen, kommt mir wohl aber auch die Erfahrung aus meinem früheren Arbeitsleben zugute. Ich bin nämlich Quereinsteiger, komme ursprünglich aus der Luftfahrt und arbeitete für Großkonzerne. Dort habe ich das Projektmanagement mit Berichten an das Board oder irgendwelche Konzernausschüsse erlernt. Das machen wir jetzt bei uns genauso – nur viel, viel kleiner. Ich setze also ein Projekt auf, benenne die Ziele und kommuniziere diese dann an alle. So nehme ich die Leute mit. Überhaupt ist die Kommunikation bei Veränderungen das Wichtigste. Das ist das Zauberwort. Jedoch sind nur die Planung, Kommunikation und Umsetzung wichtig, sondern auch das direkte Feedback – von Kunden, aus dem Gesellschafterkreis, von Mitarbeitern, von Lieferanten. Nur so wird der Veränderungsprozess ständig evaluiert, und ich habe die Möglichkeiten der Korrektur.

Veränderung zu gestalten heißt also: machen, kommunizieren, kritisch überprüfen.

Isabella Ledl (31)

LEDL Rollladen + Sonnenschutztechnik GmbH

Generation:	*2. und 3. Generation*
Rolle in der Unternehmerfamilie:	*Prokuristin*
Mitarbeiteranzahl:	*40*
Gründung:	*1969*

Als Isabellas Großvater seinen Handwerksbetrieb gründete, stellte er Rollläden her. Mittlerweile wird der Betrieb gemeinsam von Isabellas Eltern, ihrem Bruder und ihr geführt. LEDL bietet heute alles rund um das Thema Sonnenlicht und Beschattung von Gebäuden an. So reicht die Produktpalette von Rollladenkästen über Jalousien und Sonnenmarkisen bis zu Smart-Home-Steuerungen. Isabella ist gemeinsam mit ihrem Bruder 2017 in das Familienunternehmen eingestiegen. Sie sind bereits Gesellschafter und Prokuristen und werden das Unternehmen bald vollständig übernehmen und gemeinsam in die Zukunft führen.

Wie gestalte ich die nötigen Veränderungen im Familienunternehmen mit?

Natürlich wollen die Jungen das Familienunternehmen erneuern, frischen Wind hineinbringen, Dinge zeitgemäßer, besser, effizienter machen. Auch ich. Ich habe aber verstanden, dass man damit nur erfolgreich sein kann, wenn man etwas Demut mitbringt. Man sollte meines Erachtens nicht versuchen, von jetzt auf gleich alles zu verändern, denn es kann ja durchaus sein, dass man erst nach und nach versteht, warum Dinge so laufen wie sie laufen. Wichtig ist dann anzuerkennen, dass sie so eigentlich auch ganz gut sind. Wenn trotzdem Verbesserungspotenzial vorhanden ist, sollte man die Veränderung nicht überstürzt in Angriff nehmen, sondern vorsichtig und immer mit einem gewissen Respekt für das Vorhandene. Ganz wichtig ist auch, dass man nicht einfach verändert, sondern die anderen – insbesondere natürlich die ältere Generation – mitnimmt. Das ist meines Erachtens nur über Kommunikation und vor allem auch gute Argumente möglich. Wir hatten beispielsweise noch eine Personal-Zeiterfassung mit Zettel und Stift, also ziemlich „old school". Und da man das schon immer so gemacht hatte, gab es große Skepsis gegenüber einer digitalen Zeiterfassung. Weil ich aber vorsichtig

Isabella Ledl

Bei Veränderungen wurde dem Vorhandenen immer Respekt gezollt und der Vorteil des Neuen für alle nachvollziehbar gemacht.

und respektvoll immer wieder erklärt und argumentiert habe, wurde dann doch so nach und nach verstanden, dass es hier nicht um eine Digitalisierung um der Digitalisierung willen geht und nicht um Veränderung, um einfach zeitgemäßer zu sein, sondern dass dies ein erster Schritt ist, um langfristig agiler und effizienter zu werden. Und das hat dann eingeleuchtet.

Genauso haben mein Bruder und ich vorsichtig und Schritt für Schritt unseren Markenauftritt verändert, unser Logo, unsere Website. Das hatte zwei große Nebeneffekte: Erstens wurde über die Website nach außen kommuniziert, dass wir zwei getrennte Geschäftsbereiche haben, nämlich die Rollladenkastenproduktion und die Installation von Schatten-Elementen beim Kunden. Und zweitens hat der neue Außenauftritt auch den Generationswechsel gut symbolisiert.

Mein Bruder und ich haben also durchaus Veränderungen angestoßen und durchgeführt. Dabei wurde aber dem Vorhandenen immer Respekt gezollt und der Vorteil des Neuen für alle nachvollziehbar gemacht.

Anja Lehner (22)

LEHNER Maschinenbau GmbH | LEHNER Agrar GmbH

Generation:	*2. und 3. Generation*
Rolle in der Unternehmerfamilie:	*Nachfolgerin*
Mitarbeiteranzahl:	*30*
Gründung:	*1956 und 1989*

Anja stammt aus einem klassisch schwäbischen, innovativen, kleinen Familien-unternehmen. Dieses hat zwei Standbeine: den Agrarhandel (vom Großvater ge-gründet) und den Maschinenbau (vom Vater gegründet). War und bleibt der Agrar-handel stark regional verwurzelt, so orientiert sich der Maschinenbau global und vertreibt als Nischen-Marktführer seine Streugeräte weltweit. Momentan leitet Va-ter Helmut Lehner beide Unternehmen. Anja ist Einzelkind und befindet sich noch mitten in der Ausbildung. Schon früh hat sie in das Familienunternehmen hinein-geschnuppert und arbeitet auch aktiv im Bereich Innovationen mit. Momentan ist sie vor allem in der Start-up-Szene unterwegs, kann sich jedoch trotzdem die ope-rative Nachfolge im Familienunternehmen sehr gut vorstellen.

Wie gestalte ich die nötigen Veränderungen im Familien-unternehmen mit?

Da mein Vater Innovation quasi im Blut hat, gehören bei uns Veränderungen einfach dazu. Das ist also nichts Ungewöhnliches.

Im Moment ist meine Rolle in Bezug auf nötige Veränderungen eher die des Impulsgebers, da ich durch mein Studium und durch meine Verbindungen in die Start-up-Szene Input von außen bekomme. Ja, ich bin gerade stark in der Start-up-Welt unterwegs und schnappe dort viel innovative Luft. Natürlich bringe ich dadurch immer wieder einmal neue Ideen mit nach Hause. Diese treffen dann meist auf recht offene Ohren bei meinem Vater und werden durch-aus auch umgesetzt. Bei der operativen Umsetzung bin ich allerdings nicht dabei, weil mir das aufgrund meines Studiums zeitlich kaum möglich ist. Trotzdem versuche ich natürlich zu helfen und spreche beispielsweise auch mit dem Bereichsleiter im Detail. Aber vor allem mit unserem neuen Prokuristen im Maschinenbau komme ich diesbezüglich hervorragend zurecht.

Anja Lehner

Da mein Vater Innovation quasi im Blut hat, gehören Veränderungen bei uns einfach dazu.

Er ist immer sehr froh, wenn ich kritisch über etwas nachdenke.

Neben einem Klima, in dem Veränderung prinzipiell als etwas Positives betrachtet wird, ist in unserem Familienunternehmen auch die Art und Weise der Kommunikation über Veränderung eine positive. Bei uns gilt der Grundsatz, dass alles ganz offen angesprochen werden kann und auch fair und ohne Vorwurf formuliert wird. Denn Veränderung bedeutet, den Mut zu haben, Dinge der Zukunft anzupassen und die Geschäftsmodelle jederzeit zu hinterfragen sowie neu auszurichten.

Veränderung könnte bei uns auch dadurch entstehen, dass wir mit einem innovativen Start-up kooperieren. Das hat zwar bisher noch nicht stattgefunden, ist aber durchaus eine Möglichkeit.

Veränderung gehört in unserem Familienunternehmen einfach dazu. Und ich sehe es auch als meine Aufgabe als junge Nachfolgerin an, immer wieder Ideengeber von außen zu sein.

Lena Schaumann (31)

Möbel SCHAUMANN Kassel GmbH & Co. KG

Generation:	*3. und 4. Generation*
Rolle in der Unternehmerfamilie:	*Geschäftsführung*
Mitarbeiteranzahl:	*140*
Gründung:	*1912*

Um aus dem Schatten des Vaters zu treten, gründete Lena Schaumann in Berlin LUMIZIL – einen Onlineshop für Möbel. Nach fünf Jahren in ihrem Start-up stieg sie aber dann doch ins Familienunternehmen ein und verknüpft seitdem die über 100-jährige Tradition des Möbelhauses mit ihren Herzensthemen: Digitalisierung, New Work, Female Empowerment und Emotional Leadership. Heute ist Lena Geschäftsführerin von Möbel SCHAUMANN in vierter Generation, spricht in ihrem Podcast „Hermann & ich" mit anderen Nachfolgern über Familienunternehmen und ist darüber hinaus Nachfolge-Coach.

Wie gestalte ich die nötigen Veränderungen im Familienunternehmen mit?

Anfangen hilft!

Ich finde, das ist ein super Spruch meines Vaters. Wenn man nämlich nie anfängt, dann wird es auch nie Veränderungen geben. Und ich handle tatsächlich danach. Habe ich eine gute Idee, weiß aber noch nicht, ob die hintere Ecke, sagen wir, blau oder grün wird, dann fange ich einfach mit blau an. Und im Zweifelsfall streiche ich nächste Woche dann doch grün. Aber alles ist besser, als das Konzept ewig in der Schublade liegen zu haben und nicht zu beginnen, nur weil ein paar Details noch nicht geklärt sind.

Natürlich gehört zur Veränderung Mut, denn das Risiko des Scheiterns ist ja immer gegeben. Allerdings haben wir aus den Dingen, die nicht funktioniert haben, meist so viel gelernt, dass sie dann am Ende ihr Geld trotzdem wert waren.

Um Veränderungen im Unternehmen herbeizuführen, braucht man meiner Meinung nach vor allem zwei Dinge: eine Vision, die das Zeug dazu hat, alle zu begeistern und damit zur gemeinsamen Vision zu werden, und das Commitment der Mitarbeiter. Denn ohne beides

Lena Schaumann

Um Veränderungen im Unternehmen herbeizuführen, braucht es vor allem zwei Dinge: eine Vision und das Commitment der Mitarbeiter.

geht es nicht. Die eigene Vision ist natürlich nötig, um die Richtung vorzugeben. Aber elementarer ist es, die Mitarbeiter dafür zu gewinnen, dass sie an der Realisierung der Vision mitarbeiten, dass sie vor allem selbst mitgestalten. Es zu ihrer eigenen Sache machen. Alleine kriegst du es sowieso nicht hin. Du brauchst die Begeisterung der Leute. Spätestens dann, wenn es darum geht, das Neue nicht nur einzuführen, sondern auch am Laufen zu halten. Steckt bei allen die Vision in den Köpfen und sind sie intrinsisch motiviert, diese umsetzen zu wollen, dann ergibt sich die Veränderung fast von alleine. Dann wird sie zum Selbstläufer.

Mein Vater sagt heute: Lena, es ist mehr dein Unternehmen als meins. Vielleicht klingt da etwas Wehmut über die Veränderung mit. Aber er hat verstanden, dass ich das Unternehmen nur erfolgreich führen kann, wenn es zu mir passt. Deshalb wollte ich es verändern. Und die Zahlen belegen den Erfolg. Die Ergebnisse überzeugen auch ihn.

Niklas Kurz (30)

WEFRA Life Corporate GmbH

Generation:	*3. und 4. Generation*
Rolle in der Unternehmerfamilie:	*Geschäftsführung (Chief Operating Officer)*
Mitarbeiteranzahl:	*180*
Gründung:	*1933*

WEFRA ist eine auf den Gesundheitssektor spezialisierte Kommunikationsagentur. Das Unternehmen wurde 1933 von Gunther Toepfer gegründet, 1941 von Claire Haack übernommen und wird heute in der dritten, beziehungsweise vierten Familiengeneration von dem geschäftsführenden Gesellschafter Matthias Haack und dem Geschäftsführer Niklas Kurz geleitet. Niklas Kurz, Sohn von Ariane Haack-Kurz, die als Gesellschafterin dem Unternehmensbeirat vorsitzt, ist 2020 als erster NextGen in das Familienunternehmen im Innovation Hub eingestiegen und arbeitet nun in der WEFRA Life Corporate.

Wie gestalte ich die nötigen Veränderungen im Familienunternehmen mit?

Gerade als Agentur brauchen wir natürlich digitale Marketingkompetenzen, E-Commerce-Kompetenzen und Daten-Kompetenzen. Das alles sind Dinge, die mit der digitalen Transformation und damit mit großen Veränderungen aufgrund der Digitalisierung zu tun haben. Und natürlich gibt es da bei uns – wie wahrscheinlich auch bei anderen Familienunternehmen und in anderen Branchen – den „Generation Gap". Denn es ist nun einmal so, dass sich die ältere Generation in der Regel in all diese digitalen Abläufe und Geschäftsmodell-Möglichkeiten gar nicht so richtig hineindenken kann. Und deshalb wurde es bei uns tatsächlich auch meine Aufgabe, diese Veränderungen voranzutreiben und Chancen, die in der Digitalisierung liegen, zu erkennen und zu ergreifen.

Wir sind dabei auf einem guten Weg. Wie und warum funktioniert das bei uns?

Das liegt meines Erachtens vor allem an drei Dingen: Zum einen sehen meine Mutter und mein Onkel ihre Kernkompetenzen in anderen Bereichen, haben aber erkannt, dass die digi-

Niklas Kurz

Veränderung muss bei uns nicht gegen die Beharrungswiderstände des Alltagsgeschäfts entwickelt werden, sondern hat eine eigene Organisationsstruktur.

tale Transformation ein großes Potenzial darstellt beziehungsweise sogar unabdingbar ist, wenn wir im Wettbewerb bestehen wollen. Ich musste also nie gegen Widerstände arbeiten, sondern habe große Offenheit für eine solche Transformation vorgefunden und bin sogar genau dafür geholt worden, diese Veränderung voranzutreiben. Zum Zweiten haben wir eine gute organisationale Struktur geschaffen, die eine solche Transformation möglich macht: den Innovation Hub. Dieser ist ausschließlich dafür da, die Potenziale der digitalen Veränderung zu finden, zu entwickeln und dann auch zu realisieren. Veränderung muss also nicht aus dem Alltagsgeschäft heraus und damit auch gegen dessen Beharrungswiderstände entwickelt werden, sondern hat bei uns eine eigene funktionale Organisationsstruktur. Zum Dritten bringen mir meine Mutter und mein Onkel diesbezüglich viel Vertrauen entgegen. So kann ich die bei uns nötigen Veränderungen gut gestalten helfen.

Dr. Franz Christange (34)

EAD Energieabrechnungs-Systeme GmbH | ARASYS GmbH | TRIOWATT GmbH

Generation:	*2. Generation*
Rolle in der Unternehmerfamilie:	*Geschäftsführung*
Mitarbeiteranzahl:	*ca. 90 Mitarbeiter*
Gründung:	*1990*

Franz träumte immer vom Fliegen. Nachdem dieser Traum bei der Bundeswehr nicht in Erfüllung ging, entschied er sich für ein ziviles Studium der Elektrotechnik. Während seiner Promotion baute er eine von ihm geleitete universitäre Forschungsgruppe auf. Der begrenzte Einfluss als Wissenschaftler auf die tatsächliche Umsetzung bewegte ihn, die Forschungsgruppe an einen Nachfolger zu übergeben und ein eigenes Unternehmen (TRIOWATT) zu gründen. Sehr früh wurde klar, dass die Geschäftsidee des Start-ups viele Synergien mit dem Familienunternehmen bieten würde, das seine Eltern gegründet hatten und in dem sein Bruder neben ihnen Geschäftsführer war. Mittlerweile ist Franz neben seinem Vater Geschäftsführer bei der ARASYS und EAD Energieabrechnungs-Systeme, seine Mutter bei der EAD Eutermoser. Sein Bruder schied aus dem Familienunternehmen aus.

Wie gestalte ich die nötigen Veränderungen im Familienunternehmen mit?

Bei Veränderungen in Familienunternehmen prallen in der Regel zwei Haltungen aufeinander: Veränderungen schüren auf der einen Seite bei (fast allen) Betroffenen Ängste, während sie auf der anderen Seite Euphorie und Begeisterung auslösen, denn der Fortschrittsdrang ist die treibende Kraft jedes Unternehmens.

Deshalb muss man, wenn man als junge Generation ins Unternehmen kommt und etwas verändern will, sehr behutsam vorgehen. Alles auf einen Schlag zu verändern, ist kein guter Weg. Dies würde letztendlich die Befürchtungen der alten Generation schüren und Ängste bei den Mitarbeitern auslösen.

Franz Christange

Trotz Veränderung weiter geradeaus fahren und die Richtung beibehalten!

Aber wie verändert man dann?

Meines Erachtens muss man zuerst vermitteln, dass man weiter geradeaus fährt und die bisherige Richtung beibehält. Das gibt Sicherheit. Dann sollte der Veränderungswille mit dem tatsächlichen Veränderungsbedarf sehr sachlich verglichen werden. Dabei ist es wichtig zu klären, ob es eine emotionale Komponente hinter dem Änderungswunsch gibt. Sind es wirklich objektive oder doch eher subjektive Gründe? Fällt die Antwort positiv aus, dann müssen die Konsequenzen und die erforderlichen Ressourcen abgeklärt werden. Und immer wieder muss hinterfragt werden, ob dies tatsächlich der beste Weg ist. Und selbst wenn man dann absolut davon überzeugt ist, dass die Veränderung notwendig und es auch der richtige Weg ist, sollte man sich eingestehen, dass man aufgrund mangelnder Erfahrung viele praktische Aspekte nicht kennt und nicht kennen kann, die langjährigen Mitarbeiter aber meist umso besser. Deshalb ist es extrem wichtig, den Rat der Mitarbeiter und auch der Vorgänger anzuhören, die ja in der Regel sehr viel länger im Unternehmen sind als man selbst, und deren Meinung und Rat ernst zu nehmen.

Nur so lassen sich Veränderungen durch die junge Generation nachhaltig implementieren.

Julia Ledermann (35)

EDDING AG

Generation:	*2. und 3. Generation*
Rolle in der Unternehmerfamilie:	*Beiratsvorsitzende*
Mitarbeiteranzahl:	*ca. 650*
Gründung:	*1960*

Das Familienunternehmen EDDING entwickelt im Rahmen seines Purpose „We care so that you dare to be who you are" Produkte und Dienstleistungen zum gestalterischen und arbeitsbegleitenden Ausdruck mit Farbe auf Oberflächen – dazu zählen Stifte, Marker, Farbspray, Tattoofarben sowie digitale Kommunikationslösungen. Julia wurde dort mit 18 Jahren Gesellschafterin. Um besser zu verstehen, wie Unternehmen funktionieren und welche Rolle ihr als Eigentümerin eines Unternehmens zukommt, studierte sie BWL und KMU-Management. Recht früh vertraute ihr der Großvater dann die Rolle als Vorsitzende des Gesellschafterausschusses an. Später wurde sie über diese Funktion auch Beirätin. Julia unterstützt aus der Gesellschafter- und Beiratsrolle heraus die Entwicklung des Unternehmens EDDING und fördert den Zusammenhalt in der Unternehmerfamilie.

Wie gestalte ich die nötigen Veränderungen im Familienunternehmen mit?

Für mich ist der beste Weg, Veränderungen anzustoßen, Fragen zu stellen. Das ist aber zum Teil gar nicht so einfach, denn auch wenn es keine dummen Fragen gibt, muss man tatsächlich erst einmal auf die Fragen kommen. Wenn man zu Anfang wenige Informationen zu einem Thema zur Verfügung hat, weiß man vielleicht nicht, wo man anfangen soll. Aber auch und gerade wenn man wenig weiß, kann man Fragen stellen. Was ich über die Jahre hinweg gelernt habe, ist, dass man da auf sein Bauchgefühl hören sollte. Immer wenn den Bauch etwas stört oder er etwas seltsam findet, dann sollte man zu fragen beginnen: Warum ist das so? Welchen Kontext hat das? Oder auch: Warum ist das nicht so? Warum machen wir das nicht? Und Fragen haben ja den Charme, nicht so leicht auf Widerstände zu stoßen.

Julia Ledermann

Essenziell für Veränderungen ist es, Fragen zu stellen und Zutrauen zu sich und Anderen zu haben.

Ich glaube, Veränderungen bewirkt man, wenn sie einem wirklich wichtig sind. Denn wenn man für ein Thema eintritt und Haltung zeigt und dabei authentisch ist, dann kann man viel bewegen. Auch wenn manche Dinge zunächst zu idealistisch erscheinen, kann man damit oft den ersten Stein ins Rollen bringen.

Den Mut zu haben, zu träumen und für die eigenen Standpunkte einzustehen, heißt aber auch, dass man Zutrauen zu sich selbst und eine positive Grundeinstellung braucht. Mir hat dahingehend meine Familie immer einen starken Rückhalt gegeben. Dafür bin ich sehr dankbar. In der Familie, so sollte es zumindest sein, bewegt man sich in einem geschützten Raum, kann Fragen stellen und schenkt sich gegenseitig Wohlwollen. Dann können Veränderungen angestoßen werden und für das Familienunternehmen wirken.

Fragen stellen und Zutrauen zu sich selbst und Anderen haben, sind also essenziell für Veränderungen.

Familiendynamik

Wie gehen wir mit Familiendynamiken in unserer Unternehmerfamilie um?

Dr. Franz Christange (34)

EAD Energieabrechnungs-Systeme GmbH | ARASYS GmbH | TRIOWATT GmbH

Generation:	*2. Generation*
Rolle in der Unternehmerfamilie:	*Geschäftsführung*
Mitarbeiteranzahl:	*ca. 90 Mitarbeiter*
Gründung:	*1990*

Bei uns war die Trennung der entscheidende Wendepunkt, um unsere Familien- dynamiken zu beruhigen.

Franz Christange

Franz träumte immer vom Fliegen. Nachdem dieser Traum bei der Bundeswehr nicht in Erfüllung ging, entschied er sich für ein ziviles Studium der Elektrotechnik. Während seiner Promotion baute er eine von ihm geleitete universitäre Forschungsgruppe auf. Der begrenzte Einfluss als Wissenschaftler auf die tatsächliche Umsetzung bewegte ihn, die Forschungsgruppe an einen Nachfolger zu übergeben und ein eigenes Unternehmen (TRIOWATT) zu gründen. Sehr früh wurde klar, dass die Geschäftsidee des Start-ups viele Synergien mit dem Familienunternehmen bieten würde, das seine Eltern gegründet hatten und in dem sein Bruder neben ihnen Geschäftsführer war. Mittlerweile ist Franz neben seinem Vater Geschäftsführer bei der ARASYS und EAD Energieabrechnungs-Systeme, seine Mutter bei der EAD Eutermoser. Sein Bruder schied aus dem Familienunternehmen aus.

Wie gehen wir mit Familiendynamiken in unserer Unternehmerfamilie um?

Um ehrlich zu sein, ist das die zentrale Frage.

Mein Vater hatte immer den Traum von einer harmonischen Großfamilie, weshalb bei uns vier Generationen unter einem großen Dach leb(t)en: Großeltern, Eltern, mein Bruder mit seiner Frau und ich mit meiner Familie. Die Eltern, mein Bruder und meine Frau arbeiteten in der Firma und ich hatte mein eigenes Start-up-Unternehmen. Natürlich gab es – wie in jeder Familie – Familiendynamiken, aber wir gingen eigentlich ganz gut damit um, indem wir uns auf die sachlichen Argumente konzentrierten, um unterschiedliche Ansichten und Standpunkte auszuloten.

Allerdings können in Unternehmerfamilien selbst sachliche Themen wie beispielsweise die Übertragung von Unternehmensanteilen oder die Idee der Verschmelzung meines Start-ups mit dem Familienunternehmen, was große Synergieeffekte versprach, unweigerlich mit Emotionen verbunden sein. Emotionen und Sachargumente verschmolzen und entwickelten dabei ein Eigenleben. Der so entstandenen komplexen Dynamik wurde dabei von den einzelnen Familienmitgliedern eine unterschiedlich starke Bedeutung zugemessen. Frühe Prägungen wie ein unterschwelliger Konkurrenzkampf zwischen uns Brüdern oder unterschiedliche Eltern-Kind-Verhältnisse, aber auch die Sorge um und Rücksicht auf ein plötzlich erkranktes Familienmitglied, waren weitere Faktoren, welche diese Dynamik erheblich beeinflussten. Am Ende konnten wir deshalb unser unbedingtes Ziel einer gemeinsamen Nachfolge nicht umsetzen.

Der Verzicht meines Bruders entwirrte letztendlich die Situation.

Sachargumente und Emotionen können in Familien zwar nie vollständig getrennt werden, jedoch ist bei uns nun die zugrunde liegende Dynamik beherrschbar.

Auch wenn es nicht gerade das war, was wir alle wollten: Bei uns scheint die Trennung der entscheidende Wendepunkt gewesen zu sein, unsere Familiendynamiken zu beruhigen.

Larissa Zeichhardt (39)

LAT Gruppe

Generation:	*2. Generation*
Rolle in der Unternehmerfamilie:	*Geschäftsführung, Gesellschafterin*
Mitarbeiteranzahl:	*130*
Gründung:	*1969*

Die Sinnhaftigkeit von Führungskräfte-trainings wird selten in Frage gestellt; Unternehmerfamilien-trainings werden hingegen kaum erwogen.

Larissa Zeichhardt

Larissa arbeitete als Managerin in einem Weltkonzern und wollte eigentlich nicht in das Familienunternehmen einsteigen. Durch den plötzlichen Tod ihres Vaters kam es aber dann doch anders. Heute ist sie gemeinsam mit einer Schwester Geschäftsführerin von LAT. Die Unternehmensgruppe ist im Infrastrukturbau mit dem Schwerpunkt Elektromontage tätig. Sie bedient die Energiewirtschaft, das Gesundheitswesen und die Mobilitätsbranche. Zwei weitere Schwestern von Larissa sind Gesellschafterinnen.

Wie gehen wir mit Familiendynamiken in unserer Unternehmerfamilie um?

Auffällig ist, dass die Sinnhaftigkeit von Führungskräftetrainings selten in Frage gestellt wird, Unternehmerfamilientrainings aber kaum in Erwägung gezogen werden. Familiendynamiken brauchen jedoch diese Moderation. Ich bin ein Riesenfan davon, externe Personen dazu zu nehmen. Unbedingt. Und deshalb haben wir tatsächlich auch eine Familienberaterin. Mit ihr arbeiten wir sowohl am unternehmensstrategischen Denken als auch an den Zielen und Bedürfnissen der Einzelnen. Es hilft total, wenn eine neutrale Person immer wieder einmal Reflexionsprozesse anstößt. So wird uns dann bewusst, dass irgendwo der Schuh drückt. Und wenn er drückt, dann sollte man ihn gegen einen bequemeren austauschen oder anpassen. Trägt man ihn einfach weiter, dann hat man nämlich irgendwann eine dicke Blase. Dann hat man ein Problem.

Wir besitzen natürlich auch ein paar ganz konkrete praktische Werkzeuge, um die Familiendynamiken einzudämmen: Zum einen setzen wir Anfang des Jahres Termine für Gesellschafterversammlungen fest. So schaffen wir automatisch Raum für Firmenthemen. Da kann man sich dann immer einmal etwas aufheben und vorbereitet ansprechen. Man muss deshalb nicht alles beim Abendessen und vor allem unvorbereitet diskutieren. Allerdings muss ich zugeben, dass mir da manchmal trotzdem die Disziplin fehlt. Denn wenn der Druck im Tagesgeschäft steigt, bringt man schnell etwas mit an den Familientisch. Leider ist nicht immer der schnellste Weg auch der richtige. Eigentlich müsste man sich die Erlaubnis einholen, bevor man ein kontroverses Firmenthema anspricht. So wie man ja auch jemanden fragt, wenn man anruft: „Störe ich gerade?" oder „Hast du Zeit, um etwas zu besprechen?"

Zum anderen haben wir ein Unternehmerfamilien-Büro mit einer angestellten, bezahlten Organisationskraft. Eine neutrale Person kann viel Familiendynamik herausnehmen. Denn es ist etwas ganz anderes, wenn sie uns an eine zu leistende Unterschrift erinnert, irgendeine Bringschuld anmahnt oder einen Termin festlegt, als wenn es jemand aus der Familie macht.

All das hilft uns, die Familiendynamiken in den Griff zu bekommen.

Sinja Schrägle (20)

RATHGEBER GmbH & Co. KG

Generation:	*3. Generation*
Rolle in der Unternehmerfamilie:	*NextGen*
Mitarbeiteranzahl:	*325*
Gründung:	*1948*

Wir sind eine Familie, die sich
gegenseitig sehr offen
Feedback gibt, positiv
wie negativ.

Sinja Schrägle

Als Sinjas Urgroßvater das Unternehmen kurz nach dem Krieg gründete, handelte er mit Holzspielzeug, Musikinstrumenten und stellte Klebe-Etiketten her. Inzwischen produziert RATHGEBER an drei Standorten als Spezialist für Produkt-Kennzeichnungen Labels und Schilder verschiedenster Art für so gut wie alle Produkte, vom Koffer über Skier, Kaffeemaschinen bis zum Lastwagen. Das Familienunternehmen wird von Sinjas Eltern geführt, die auch beide Gesellschafter sind. Sie selbst kann sich vorstellen, operativ nachzufolgen. Ihre Schwester steckt noch im Findungsprozess.

Wie gehen wir mit Familiendynamiken in unserer Unternehmerfamilie um?

Natürlich gibt es bei uns Familiendynamiken, auch wenn wir kaum Konflikte zwischen den Großeltern, den Eltern und uns Jungen haben.

Meine Eltern sind uns Kindern gegenüber immer unterstützend und versuchen, den Druck herauszunehmen, weshalb ich beispielsweise auch nie Stress wegen schlechter Noten hatte. Von meinen Großeltern bekommen wir zwar auch viel positives Feedback, aber eben manchmal auch kritisches.

Meine Großeltern zeigen außerdem zumindest jetzt im Alter, dass es ihnen gut geht und sie sich in dem selbst erarbeiteten Ansehen als Unternehmer wohlfühlen. Meine Eltern sind da sehr viel zurückhaltender. Sie erzählen eher von konkreten Projekten oder irgendwelchen neuen Planungen als von unserem Unternehmen als solches. Meine Eltern sind sehr bodenständig, weshalb es für sie nicht so selbstverständlich ist, sich mit dem Unternehmen großzutun. Meine Großeltern sind dagegen offen (und zu Recht) stolz.

Eine weitere Dynamik ergibt sich aus den unterschiedlichen Lebensentwürfen. Meine Eltern haben die Familie immer an oberster Stelle gesehen und sich deshalb bemüht, es irgendwie hinzukriegen, auch zu Hause sein zu können. Bei meinen Großeltern hingegen war das Unternehmen einfach der Lebensinhalt. Sie haben sehr viel gearbeitet.

Bei all diesen Unterschieden und daraus entstehenden Dynamiken versuchen meine Großeltern und Eltern immer, Konflikte zu vermeiden. Wenn es irgendwelche Themen gibt, bei denen sie sich nicht einig sind, dann reden sie darüber und lassen es nicht eskalieren.

Wir sind eine Familie, die sich gegenseitig sehr offen Feedback gibt, positiv wie negativ, weshalb wir gut mit den vorhandenen Dynamiken umgehen können.

Jan Keller (24)

BENSELER GmbH & Co. KG

Generation:	*2. und 3. Generation*
Rolle in der Unternehmerfamilie:	*NextGen*
Mitarbeiteranzahl:	*ca. 1.000*
Gründung:	*1961*

Um Familiendynamiken in der Unternehmerfamilie zu vermeiden, gehen wir bewusst und vorsichtig miteinander um.

Jan Keller

Das Familienunternehmen BENSELER ist ein Automobilzulieferer in der Region Stuttgart. Das Unternehmen wird derzeit von Jans Tante in der zweiten Generation geführt. Jan ist wie sein Bruder Sven abseits des Familienunternehmens aufgewachsen, steht diesem jedoch in seiner Funktion als NextGen sehr nahe. Die operative Nachfolge im Familienunternehmen ist zwar noch nicht geklärt, jedoch hat die Familie für alle familiären und unternehmerischen Belange ihre Familienmaximen definiert. Außerdem stellt die Familie der nächsten Generation Venture-Kapital zur Verfügung, um den jungen Mitgliedern zu ermöglichen, unternehmerisches Handeln zu erlernen. Jan engagiert sich derzeit hier zusammen mit anderen Familienmitgliedern der dritten Generation.

Wie gehen wir mit Familiendynamiken in unserer Unternehmerfamilie um?

Wir gehen grundsätzlich sehr vorsichtig miteinander um.

Wir wissen um unsere Verantwortung und die Notwendigkeit, das Unternehmen in den Vordergrund zu stellen und die familiären Probleme in den Hintergrund zu rücken. Das ist vielleicht keine konkrete Methode des Umgangs mit Familiendynamiken, aber es ist eine Grundhaltung in unserer Unternehmerfamilie.

Doch wie kam es zu dieser Haltung?

Als Erstes gab es die klare Aussage meines Großvaters an meine Mutter und meine Tante: Wenn ihr euch nicht versteht, dann wird das Unternehmen verkauft. Seither gibt es immer wieder die Mahnung unserer Eltern, umsichtig miteinander umzugehen und Verständnis füreinander aufzubringen, gerade auch für den anderen Familienzweig.

Dann haben wir als Unternehmerfamilie in einer Familienverfassung unsere Familienmaximen festgehalten. Da haben wir Regeln für den Umgang miteinander erarbeitet. Diese Regelungen sind mittlerweile nicht nur eine Methode, die man aktiv anwenden muss, sondern sie haben sich in unserem Bewusstsein verfestigt.

Außerdem wurden wir NextGens auf Gesellschafterkompetenzseminare geschickt, in denen gerade die Auswirkungen von Familiendynamiken auf das Unternehmen analysiert wurden. Und nun ist dieses Wissen tief in uns verankert. Es ist uns ständig bewusst und wir haben es als Haltung verinnerlicht, in der Familie vorsichtig miteinander umzugehen. Deshalb vermeiden wir es, emotionale Themen aus einem alltäglichen Gespräch oder vom Mittagstisch als Unternehmerfamilie hochkommen zu lassen. Gibt es trotzdem Spannungen, dann versuchen wir, diese in einen sachlichen Rahmen zu bringen, indem wir uns alle des Unternehmens bewusst sind.

Um Familiendynamiken in der Unternehmerfamilie zu vermeiden, gehen wir also sehr bewusst und sehr vorsichtig miteinander um.

Dr. Jana Hauck (34)

Weingut HAUCK GbR

Generation:	*3. Generation*
Rolle in der Unternehmerfamilie:	*Geschäftsführung, Gesellschafterin*
Mitarbeiteranzahl:	*5*
Gründung:	*1982*

An unausgesprochenen
Erwartungen beißen
wir uns manchmal
die Zähne aus.

Jana Hauck

Jana Hauck schrieb ihre Dissertation zum Thema Family Business und wurde dafür an der Zeppelin Universität promoviert. Obwohl alles nach einer wissenschaftlichen Karriere aussah, entschied sie sich, nach Hause zurückzukehren und nach einer einjährigen Probephase das elterliche Weingut zu übernehmen. Mittlerweile ist Jana staatlich geprüfte Technikerin für Weinbau & Önologie. Sie hat drei Geschwister, die weder im Familienunternehmen arbeiten noch am Unternehmen beteiligt sind. Jana leitet derzeit das Weingut gemeinsam mit ihren Eltern.

Wie gehen wir mit Familiendynamiken in unserer Unternehmerfamilie um?

Das ist tatsächlich eine der Fragen, die mich am häufigsten beschäftigen. Ich bin jetzt seit fünf Jahren bei uns im Betrieb, aber wir haben noch keine Routine entwickelt, wie wir mit Familiendynamiken umgehen. Wir fallen hin und wieder in diese Vater-Mutter-Kind-Rollen zurück und ich verhalte mich vielleicht dann nicht so, wie man das von einer Geschäftsführerin oder Gesellschafterin erwarten würde.

Trotzdem oder gerade deshalb haben wir natürlich Tools entwickelt, um die Familiendynamiken einzudämmen. So haben wir erstens nun mehrere Mitarbeiter-Schreibtische in unserem Büro stehen, wo vorher nur Familie saß. Das diszipliniert stark, weil man dreimal darüber nachdenkt, wie man etwas formuliert oder in welchem Tonfall man Dinge sagt. Zweitens lade ich meine Eltern immer wieder einmal zum gemeinsamen Essen ein, wobei ich vorher ankündige, dass ich ein paar Dinge in Ruhe besprechen will. Drittens hilft eine Meeting-Kultur mit gewissen Formalisierungen. Die gab es bisher in unserem Betrieb nicht, aber das müssen wir schon wegen unserer Mitarbeiter machen. Und das hilft dann auch uns.

Eine weitere Herausforderung sind sicherlich unausgesprochene Erwartungen – oder die eigene Erwartung, welche Erwartung wiederum die andere Generation einem selbst gegenüber hat. Darüber zu kommunizieren, ist nicht immer leicht; daran beißen wir uns manchmal noch die Zähne aus.

Für mich ist es schwierig, wenn wir nicht offen miteinander sprechen – man spürt das einfach. Ich weiß, dass sich meine Eltern immer wieder einmal auf die Zunge gebissen haben (und es bestimmt immer noch tun) und mich einfach machen lassen, obwohl sie eigentlich Einwände gegen meine Pläne hatten. Ich würde mir dies ab und zu anders wünschen, da ich gerne ihre ehrliche Meinung und ihren Ratschlag hätte.

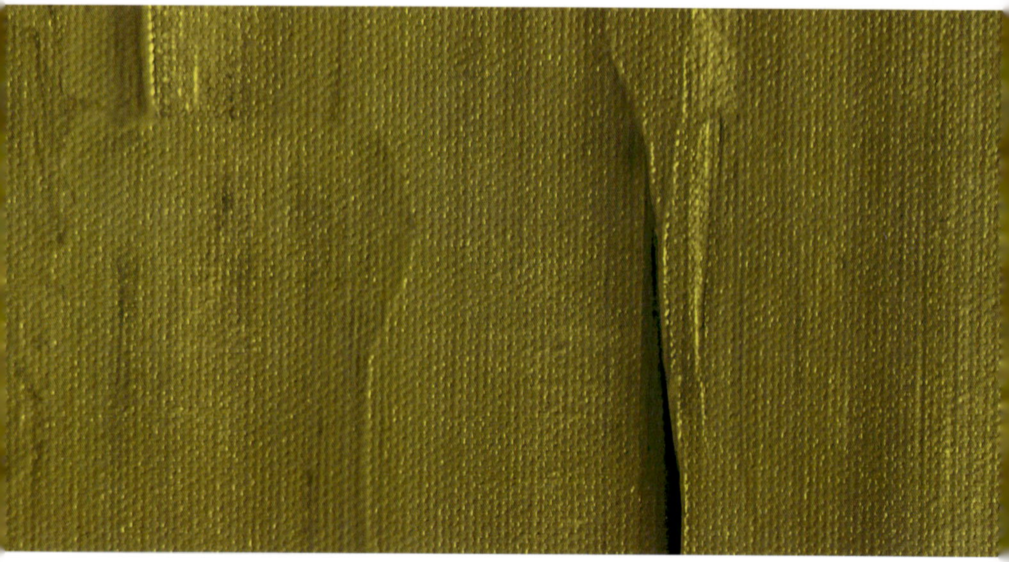

EQUA

Verantwortung
für Familienunternehmen
Gemeinnützige Stiftung

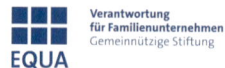

Austausch

Was würde mir der Austausch mit anderen NextGens bringen?

Henning Kortmann (34)

KORTMANN Beton GmbH & Co. KG

Generation:	*3. Generation*
Rolle in der Unternehmerfamilie:	*Geschäftsführung, Gesellschafter*
Mitarbeiteranzahl:	*160*
Gründung:	*1950*

Henning Kortmann ist bereits mit 22 Jahren in das Familienunternehmen eingestiegen – eher unerwartet als geplant. Um trotzdem fachlich gut ausgebildet zu sein, absolvierte er nebenher ein duales Studium. Seit 2014 ist Henning Geschäftsführer der kleinen Unternehmensgruppe, die aus einem Betonwerk, einem Estrichverlegbetrieb, einem Baustoffhandel sowie aus seinem eigenen Start-up besteht. Henning hat noch einen Bruder, welcher im Labor des Betonwerks arbeitet und Mitgesellschafter ist. Seine beiden Schwestern sind weder operativ tätig noch sind sie Gesellschafterinnen.

Was würde mir der Austausch mit anderen NextGens bringen?

Früher hatte ich in meinem Freundeskreis niemanden, der auch Unternehmer ist. Das hat sich total geändert. Jetzt habe ich mittlerweile sehr viele Unternehmerfreunde. Und das ist auch gut so.

Bei meinen ersten Kontakten zu anderen Jungunternehmern war ich total begeistert, denn da war plötzlich jemand, der sich in der gleichen Situation wie ich befand, jemand, mit dem man seine Erfahrungen teilen konnte. Zuerst dachte ich, dass nur der fachliche Austausch interessant sei, aber dann merkte ich, dass es noch viel wichtiger ist, sich über andere Themen wie beispielsweise die Nachfolge zu unterhalten: Wer hat welche Probleme und wie geht man damit um? Durch die anderen NextGens bekam ich Impulse, mich mit Themen auseinanderzusetzen, die ich vorher gar nicht auf der Agenda hatte. Plötzlich wusste ich, da gibt es Dinge, um die ich mich unbedingt kümmern muss. Irgendwann hatte ich dann deshalb einen unendlich langen Fragenkatalog. Der ist aber mit der Zeit immer kleiner geworden, nicht zuletzt durch den Austausch mit den anderen NextGens. Der hat mir nämlich unfassbar viel gebracht. Ich wusste früher gar nicht, wie cool das eigentlich ist, wie viel mir das bringt, und dass der Austausch an so vielen Stellen hilft.

Henning Kortmann

Mein langer Fragenkatalog ist mit der Zeit durch den Austausch mit den anderen NextGens immer kleiner geworden.

Sollte der ein oder andere argumentieren: „Na ja, für einen solchen Austausch mit anderen Jungunternehmern habe ich doch gar keine Zeit, schließlich muss ich ja im Unternehmen so viel schaffen!", dann kann ich nur antworten: „Dafür muss man sich die Zeit nehmen!" Auch wenn man nicht so gern netzwerkt wie ich und nicht so gern im Dialog ist, bringt es nicht nur für einen selbst etwas, sondern auch viel für das Unternehmen und die Familie. Denn hier kann man ungefilterte und authentische Informationen bekommen, die es sonst nirgendwo gibt.

Wenn ich ehrlich bin, hätte ich mich ohne die Bekanntschaft zu anderen Jungunternehmern mit vielen Themen überhaupt nicht und schon gar nicht so strukturiert auseinandergesetzt.

Auch würden mir Freunde fürs Leben fehlen.

Sinja Schrägle (20)

RATHGEBER GmbH & Co. KG

Generation:	*3. Generation*
Rolle in der Unternehmerfamilie:	*NextGen*
Mitarbeiteranzahl:	*325*
Gründung:	*1948*

Als Sinjas Urgroßvater das Unternehmen kurz nach dem Krieg gründete, handelte er mit Holzspielzeug, Musikinstrumenten und stellte Klebe-Etiketten her. Inzwischen produziert RATHGEBER an drei Standorten als Spezialist für Produkt-Kennzeichnungen Labels und Schilder verschiedenster Art für so gut wie alle Produkte, vom Koffer über Skier, Kaffeemaschinen bis zum Lastwagen. Das Familienunternehmen wird von Sinjas Eltern geführt, die auch beide Gesellschafter sind. Sie selbst kann sich vorstellen, operativ nachzufolgen. Ihre Schwester steckt noch im Findungsprozess

Was würde mir der Austausch mit anderen NextGens bringen?

Ich finde den Austausch mit anderen NextGens aus folgenden Gründen total cool:

Auch wenn ich mich wirklich freue, einmal unser Familienunternehmen zu übernehmen, verspüre ich gleichzeitig Druck. Diesen blende ich meist ziemlich gut aus. Mit anderen NextGens kann ich ihn aber endlich einmal zulassen und darüber reden. Es tut gut zu erfahren, dass es anderen auch so geht, dass sie auch Druck verspüren oder Angst haben. Es ist entlastend zu merken, dass man mit der Aufgabe nicht alleine dasteht und auch andere Leute Probleme haben. Durch den Vergleich wird so manches relativiert. So habe ich von anderen NextGens mitbekommen, dass deren Familienunternehmen nicht gut durch die Pandemie gekommen sind und einige sogar schließen mussten. Da merkte ich erst, wie dankbar ich sein muss. Denn bei uns lief es sehr gut.

Möglicherweise haben manche NextGens Angst vor dem Austausch mit anderen, weil sie aus einem kleinen Unternehmen stammen. Aber das spielt gar keine Rolle. Denn die Herausforderungen sind immer die gleichen, egal ob du fünf Mitarbeiter hast oder 2.000.

Sinja Schrägle

Es ist entlastend zu merken, dass ich mit der Aufgabe nicht alleine dastehe und auch andere Leute Probleme haben.

Man spricht bei NextGen-Treffen eigentlich nicht über das Unternehmen, sondern meist vom eigenen Empfinden. Daher braucht man sich auch über mögliche NextGens von Wettbewerbsunternehmen keine Sorgen zu machen.

Ich habe bei einem solchen NextGen-Treffen eine Freundin kennengelernt. Mit ihr habe ich nun eine sehr enge Beziehung, auch im Alltag. Weil das Familienunternehmen einen großen Teil in unserem Leben ausmacht, verbindet uns das im Vergleich zu anderen Freunden stark – zumindest habe ich das Gefühl. Ich würde mir wünschen, dass unsere Freundschaft auch hält, wenn wir jeweils in unsere Familienunternehmen einsteigen. Denn dann hätten wir beide eine Vertrauensperson. Das fände ich sehr wertvoll und cool.

Johannes Bahlsen (34)

BAHLSEN GmbH & Co. KG

Generation:	*4. Generation*
Rolle in der Unternehmerfamilie:	*Mitglied des Verwaltungsrats*
Mitarbeiteranzahl:	*2.750*
Gründung:	*1889*

Johannes begann sich schon früh mit dem Thema Familienunternehmen auseinan-
derzusetzen, obwohl für ihn bis heute unklar ist, ob und in welcher Form er eine
operative Rolle bei BAHLSEN einnehmen möchte. Nichtsdestotrotz liegen ihm die
Belange des Familienunternehmens sehr am Herzen.
Die gesamte Unternehmerfamilie, bestehend aus der Seniorgeneration und den drei
Geschwistern von Johannes, erarbeitete für sich das WHY. Daraus ergab sich u. a. die
Konsequenz, die Führungsstrukturen neu zu organisieren. Seither vertreten Johannes
und sein Bruder die nächste Generation im Verwaltungsrat. Ihre Schwester Verena ist
operativ ins Familienunternehmen eingestiegen.

Was würde mir der Austausch mit anderen NextGens bringen?

Das Erstaunliche ist ja, dass man zu anderen NextGens irgendwie sofort Vertrauen hat, obwohl
man sie oft kaum kennt. Dies liegt einfach an der Tatsache, dass sie sich in einer ähnlichen
Situation befinden wie man selbst.

Ich bin keiner, der sich auf Social Media darstellt und sich auch sonst gerne in den Vordergrund drängt, sondern genau das Gegenteil. Aufgrund meiner Persönlichkeit ist für mich der
Austausch mit anderen NextGens zwar kein Selbstläufer, aber dafür vielleicht sogar umso
wichtiger, denn nur mit ihnen kann ich über Themen reden, die nur Unternehmer beziehungsweise Nachfolger betreffen.

Jede Unternehmerfamilie schreibt ja immer wieder die Geschichte neu. Aber deshalb muss
man ja das Rad nicht ständig neu erfinden. Denn es gibt durchaus Blaupausen. Und wenn du
durch den persönlichen Austausch von jemandem hörst, was oder wie die etwas gemacht

Johannes Bahlsen

Das Erstaunliche ist, dass man zu anderen NextGens irgendwie sofort Vertrauen hat, obwohl man sie kaum kennt.

haben, kannst du das entweder als Vorbild oder als How-not-to-do-it-Vorbild nehmen, um die gleichen Fehler nicht zu wiederholen.

Aber man lernt nicht nur durch solche Blaupausen und den Vergleich mit anderen, sondern man lernt auch über sich selbst. Denn immer wieder passiert es mir, dass ich mich zu einer Diskussion eigentlich nur dazustellen will, um zuzuhören, und dabei irgendwann bemerke: Das Thema habe ich eigentlich schon durch und kann deshalb sogar etwas dazu beitragen. Und dann erzähle ich von meiner Erfahrung oder Lösung. Es ist spannend beziehungsweise erhellend festzustellen, dass man etwas hat, wovon man gar nicht wusste, dass man es besitzt.

Deshalb ist die Zeit, die man für den Austausch mit anderen NextGens investiert, auf jeden Fall „well invested" und nicht vergeudet.

Vanessa Weber (41)

Werkzeug WEBER GmbH & Co. KG

Generation:	*4. Generation*
Rolle in der Unternehmerfamilie:	*Geschäftsführung, Gesellschafterin*
Mitarbeiteranzahl:	*24*
Gründung:	*1948*

Als die 18-jährige Vanessa von ihrem Vater im Biergarten gefragt wurde: „Willst du die Firma übernehmen?", sagte sie aus einem Impuls heraus Ja. Und so übernahm sie mit 22 Jahren das Familienunternehmen. Werkzeug WEBER ist heute der führende Fachhändler für industrielle Werkzeuge im Rhein-Main-Gebiet.
Neben ihrer Tätigkeit als alleinige Geschäftsführerin ihres Familienunternehmens ist Vanessa Bloggerin, Fachautorin namhafter Publikationen und Influencerin rund um die Themen modernes Unternehmertum, Innovation und Führung.

Was würde mir der Austausch mit anderen NextGens bringen?

Ich will mit einer kleinen Geschichte beginnen: Als ich siebzehneinhalb Jahre alt war, schickte mich mein Vater auf eine Juniorenkonferenz. Ich musste mit dem Zug alleine hinfahren und fand mich dann dort ganz verloren unter all den anderen wieder, die ich überhaupt nicht kannte. Und da hatten wir dann ein BWL-Seminar, bei dem der Referent irgendetwas von „poor dogs" und „cash cows" erzählte. Und ich saß da und dachte: „Warum redet er über Hunde und Kühe? Was tue ich eigentlich hier? Ich weiß gar nicht, warum ich hier bin." Ich wäre völlig untergegangen, wenn es da nicht die anderen, wenn auch wesentlich älteren NextGens gegeben hätte, die mir beim Feierabendbier Mut zusprachen und bekannten: „Ich weiß genau, wie du dich fühlst. Mir ist es genauso gegangen." Das hat ungemein geholfen. Die anderen „Kinder" aus Unternehmerfamilien haben meine Situation verstanden und wussten, wie es sich anfühlt, wenn man vor einer riesigen Aufgabe steht, der man nicht gewachsen scheint.

Vanessa Weber

Die anderen „Kinder" aus Unternehmerfamilien haben mich verstanden und wussten, wie es ist, wenn man sich einer Aufgabe nicht gewachsen fühlt.

Aber nicht nur als Junger braucht man andere NextGens, die ähnliche Erfahrungen mitbringen und deshalb Verständnis für die eigenen Herausforderungen haben. Auch als Unternehmer ist die Welt einsam, denn gerade als Chef hat man ja oft das Gefühl, alleine zu sein. Von wem bekommst du da Feedback? Von keinem. Niemand lobt dich, niemand kritisiert dich. Nur von anderen Unternehmern kannst du ehrliche Antworten und ungeschönte Einschätzungen bekommen. Und es geht nicht nur um persönliches Feedback, sondern auch darum, die Geschichte und Geschichten der anderen kennenzulernen. Ich finde, es bringt unheimlich viel, die Geschichten der anderen zu hören und dann zu vergleichen und abzuwägen: Was passt für mich, was passt für mich nicht? Und da spreche ich nicht nur von Erfolgsgeschichten, sondern auch von Geschichten des Misserfolgs oder des Scheiterns, die man ja normalerweise nie hört. Denn es ist meines Erachtens sehr wichtig, zu verstehen, dass das Hinfallen auch zur Erfahrung von Unternehmern gehört. Und genau deshalb ist der Austausch unter Gleichgesinnten so wichtig.

Lisa Winkler (23)

HAWO GmbH

Generation:	*2. Generation*
Rolle in der Unternehmerfamilie:	*NextGen*
Mitarbeiteranzahl:	*120*
Gründung:	*1960*

Gregor Winkler gründete 1960 ein Farbenfachgeschäft, welches sich schnell zu einem Großhandel entwickelte. In den 1990er-Jahren übernahmen seine Söhne Ralf und Stefan das Unternehmen und führen es seither. Die junge dritte Generation besteht aus sechs potenziellen Nachfolgern. Lisa ist eine davon. Sie hat Interesse, operativ nachzufolgen.

Was würde mir der Austausch mit anderen NextGens bringen?

Das Wichtigste gleich vorab: Je mehr ich im Austausch mit anderen NextGens bin, desto eher kann ich mir die Nachfolge im eigenen Unternehmen vorstellen.

Wieso dies?

Der Kontakt zu anderen NextGens hat viele Aspekte. Am wichtigsten finde ich, dass mir der Dialog mit ihnen Mut macht und damit meine Position gestärkt wird. Denn durch sie kann ich mich intensiv mit meiner Rolle beschäftigen und vor allem auch Wege finden, wie ich gemeinsam mit meinen Geschwistern, Cousins und Cousinen den Austausch zum Thema „Nachfolge" ausbauen kann, da in meiner Familie bisher recht wenig über Nachfolge gesprochen wurde. Es hat mir zudem gutgetan zu erfahren, dass auch die anderen NextGens Ängste und Respekt vor der Verantwortung haben, die großen Herausforderungen des Generationenwechsels zu bewältigen. Es befreit zu merken, dass jeder mehr oder weniger die gleichen Probleme hat.

Lisa Winkler

Das Allerwichtigste ist für mich, dass sich durch die anderen NextGens mein Möglichkeiten-Horizont erweitert hat.

Das Allerwichtigste ist für mich aber, durch die anderen NextGens mehr Optionen aufgezeigt bekommen zu haben. Ja, ich habe meinen Möglichkeiten-Horizont durch den Kontakt zu anderen NextGens aus Unternehmerfamilien erweitert. Durch sie habe ich ein großes Stück Freiheit erlangt. Für mich beinhaltet diese Freiheit, dass die Unternehmensführung individuell gestaltet werden kann, ich mich in keine vordefinierte Rolle zwängen muss und Entscheidungen eigenverantwortlich für mein Leben treffen kann und muss. Denn ich erlebe es als große Freiheit, mich für oder gegen die Nachfolge entscheiden zu können. Mir ist im Austausch mit anderen NextGens nämlich deutlich geworden, dass die Nachfolge keine Einbahnstraße ist, sondern eine Kreuzung mit verschiedenen Möglichkeiten, von der die interne Nachfolge nur ein Teil ist, aber nicht die ausschließliche. Egal wie ich mich aber entscheide, werde ich natürlich trotzdem immer eine Verantwortung gegenüber dem Unternehmen empfinden.

Aufgrund dieser inneren Freiheit, die ich durch den Austausch mit anderen NextGens bekommen habe, wurde für mich das Familienunternehmen zu einer großen Chance.

Niklas Kurz (30)

WEFRA Life Corporate GmbH

Generation:	*3. und 4. Generation*
Rolle in der Unternehmerfamilie:	*Geschäftsführung (Chief Operating Officer)*
Mitarbeiteranzahl:	*180*
Gründung:	*1933*

WEFRA ist eine auf den Gesundheitssektor spezialisierte Kommunikationsagentur. Das Unternehmen wurde 1933 von Gunther Toepfer gegründet, 1941 von Claire Haack übernommen und wird heute in der dritten, beziehungsweise vierten Familiengeneration von dem geschäftsführenden Gesellschafter Matthias Haack und dem Geschäftsführer Niklas Kurz geleitet. Niklas Kurz, Sohn von Ariane Haack-Kurz, die als Gesellschafterin dem Unternehmensbeirat vorsitzt, ist 2020 als erster Next-Gen in das Familienunternehmen im Innovation Hub eingestiegen und arbeitet nun in der WEFRA Life Corporate.

Was würde mir der Austausch mit anderen NextGens bringen?

In meiner Kindheit und Jugend habe ich zwar irgendwann bemerkt, dass wir als Familie schon ein bisschen anders sind und meine Eltern anders arbeiten als andere Eltern. Richtig verstanden habe ich das natürlich nicht, denn ich hatte ja dafür nicht einmal ein Wort. Meine Eltern haben schließlich nicht gesagt: „Wir sind übrigens eine Unternehmerfamilie und wir nehmen uns auch als solche wahr." Erst in der Uni habe ich dafür einen Begriff bekommen: Co-Existenz von Familie und Unternehmen. Und erst da habe ich verstanden, dass ich Teil einer Unternehmerfamilie bin, ob ich es will oder nicht. Um das zu besprechen und die Probleme und Herausforderungen dieser Rolle zu reflektieren, hatte ich eigentlich niemanden. Mit meiner Schwester und meiner Familie war dies selbstverständlich nur bedingt möglich, weil für sie ja unsere Situation genauso normal war wie für mich. Mit Freunden wollte ich nicht darüber reden. Die konnten mich größtenteils nicht verstehen, weil sie ganz andere Erfahrungen gemacht hatten. Da gab es dann im besten Fall Missverständnisse und im schlechtesten Fall Neid: „Worüber beschwerst du dich? Dein Luxusproblem will ich haben!"

Niklas Kurz

Bei einem solchen Austausch unter den NextGens aus Unternehmerfamilien kann eine wunderbare Art Peer-to-Peer-Coaching entstehen.

Deshalb ist für mich der Austausch mit anderen NextGens aus Unternehmerfamilien unfassbar wertvoll. Hier kann ich darauf vertrauen, dass ich mit meinen Themen verstanden und weder gedisst noch beklatscht werde. Und dabei ist es vollkommen egal, aus welcher Branche deren Familienunternehmen kommt und ob sie ein paar oder viele hundert Millionen Umsatz machen. Denn die Themen sind überall die gleichen: Nachhaltigkeit, das eigene Talent, die Familiendynamiken, der gesellschaftliche Zeitgeist – und dies alles im Kontext des eigenen Unternehmens mit der Verantwortung für dessen Fortbestand.

Bei einem solchen Austausch unter NextGens aus Unternehmerfamilien kann dann eine wunderbare Art Peer-to-Peer-Coaching entstehen. Das ist für mich das Wichtigste.

Sebastian von Landsberg-Velen (32)

Ferienzentrum Schloss DANKERN GmbH & Co. KG | Schloss ARFF Event GmbH & Co. KG

Generation:	*3. Generation (Ferienzentrum Schloss DANKERN)*
Rolle in der Unternehmerfamilie:	*Geschäftsführung, Gesellschafter*
Mitarbeiteranzahl:	*500*
Gründung:	*12. Jahrhundert (Adelsgeschlecht), 1970 (Ferienzentrum Schloss DANKERN)*

Sebastian stammt aus einem alten Adelsgeschlecht, dessen Wurzeln bis ins 12. Jahrhundert zurückreichen. Adelsfamilien waren mit der land- und forstwirtschaftlichen Nutzung ihres Grundbesitzes schon immer Unternehmer.
Wie flexibel-unternehmerisch die Familie Landsberg-Velen heute denkt, zeigt die aktuelle Nutzung ihrer Schlösser. Schloss DANKERN ist mittlerweile eine der größten Ferienanlagen Deutschlands. Schloss ARFF wird als Eventlocation sowie Renn- und Freizeitstall betrieben. Das vom Großvater (Manfred Freiherr von Landsberg-Velen) gegründete Ferienzentrum Schloss DANKERN wird heute in dritter Generation von Sebastians Bruder Christian geführt. Sebastian selbst leitet die Eventlocation und die Stallungen von Schloss ARFF. Daneben arbeitete er mehrere Jahre für die KOELN-MESSE und verantwortete in diesem Zusammenhang die operative Leitung des deutschen Pavillons auf der Expo 2020.

Was würde mir der Austausch mit anderen NextGens bringen?

Der Austausch mit Gleichgesinnten kann enorm hilfreich sein, wenn Unternehmerfamilien vor Herausforderungen stehen, aber keinen Coach oder Berater engagieren wollen: sei es als Sparringpartner oder wenn einfach mal neuer Input benötigt wird. Der Vergleich mit anderen in einer ähnlichen Situation trägt dazu bei, das eigene Tun oder die eigene Einstellung zu hinterfragen und neue Ideen zu entwickeln. Des Weiteren bekommt man einen Blick auf Strukturen anderer Unternehmerfamilien und kann daraus lernen und so herausfinden, ob so etwas auch für die eigene Unternehmerfamilie sinnvoll ist.

Ich finde diesen Austausch mit anderen Nachfolgern spannend, um zu erfahren, wie deren Familien organisiert sind, wie andere innerhalb der Familie kommunizieren, welche Geschäfts-

*Sebastian von
Landsberg-Velen*

Der Vergleich mit anderen hilft, die eigene Einstellung zu hinterfragen und neue Ideen zu entwickeln.

strukturen sie haben, ob mehrere Geschwister beziehungsweise Verwandte involviert sind, wie die Nachfolge geregelt ist, was das für die übernächste Generation bedeutet und so fort.

Ich habe das Gefühl, dass bei uns alles recht gut läuft. Jedoch ermöglicht es der Austausch mit anderen, die „Do's" und „Don'ts" für sich selbst noch besser zu definieren. Und vielleicht gestalte ich dann die Nachfolge mit meinen Kindern in Zukunft genauso oder ganz anders.

Ich halte den Austausch mit anderen Menschen aus Familienunternehmen, die eine ähnliche Denkweise oder ein gleiches Mindset besitzen, für wichtig, um aus deren Erfahrungen zu lernen. Es gibt viele, die nicht wissen, wie hilfreich so ein Austausch sein kann, bis sie die Erfahrung einmal selbst gemacht haben.

Verantwortung

Welche Verantwortung habe ich
gegenüber dem Familienunternehmen
und der Unternehmerfamilie?

Sven Keller (26)

BENSELER GmbH & Co. KG

Generation:	*2. und 3. Generation*
Rolle in der Unternehmerfamilie:	*NextGen*
Mitarbeiteranzahl:	*ca. 1.000*
Gründung:	*1961*

Das Familienunternehmen BENSELER ist ein Automobilzulieferer in der Region Stuttgart. Das Unternehmen wird derzeit von Svens Tante in der zweiten Generation geführt. Sven ist wie sein Bruder Jan abseits des Familienunternehmens aufgewachsen, steht diesem jedoch in seiner Funktion als NextGen sehr nahe. Die operative Nachfolge im Familienunternehmen ist zwar noch nicht geklärt, jedoch hat die Familie für alle familiären und unternehmerischen Belange ihre Familienmaximen definiert, welche das Miteinander klar regeln. Sven engagiert sich derzeit hier zusammen mit anderen Familienmitgliedern der dritten Generation.

Welche Verantwortung habe ich gegenüber dem Familienunternehmen und der Unternehmerfamilie?

Ich habe erst einmal überhaupt keine Verantwortung gegenüber dem Familienunternehmen. Aber wenn sich die Familie darauf einigt, dass ich eine Verantwortung gegenüber dem Unternehmen habe, dann habe ich die auch. Die Verantwortung ist also meines Erachtens nicht angeboren, sondern anerzogen.

Wichtig ist bei uns, dass jedes Mitglied der Unternehmerfamilie grundsätzlich erst einmal die Freiheit haben sollte, keine Verantwortung spüren zu müssen. Wenn man sich aber freiwillig dafür entscheidet, Verantwortung übernehmen zu wollen, dann muss man auch dazu stehen. Eine solche Verantwortungsübernahme findet natürlich nicht zu einem bestimmten Zeitpunkt statt, sondern ist ein längerer Prozess. Dieser wird zum einen durch die Sozialisation in der Unternehmerfamilie unterstützt, zum anderen helfen aber auch klare Regeln. Ich bin ein Fan von Regeln und Vorschriften, weil man dann weiß, was verlangt wird. So kann man der Verantwortung auch gerecht werden.

Was sieht also unsere Unternehmerfamilie als ihre Verantwortung an?

Zur Verantwortung gehört bei uns erstens Bescheidenheit, also das Unternehmen nicht durch unangemessene Ansprüche zu belasten. Außerdem zählt zweitens dazu, das Unternehmen nicht als Besitz zu verstehen, sondern als temporäre Leihgabe, die man zwar wertschätzend nutzen, aber nicht verzehren darf. Dies hängt auch mit dem dritten Aspekt der Verantwortung zusammen, nämlich nachhaltig zu wirtschaften.

Wenn sich aber jemand aus der Unternehmerfamilie der Verantwortung nicht stellen will, dann gehört man zwar noch zur Familie und kann durchaus auch Anteile erben, aber man hat kein Recht mitzuentscheiden oder Einfluss zu nehmen. Sollte die Unternehmerfamilie die Verantwortung für das Unternehmen zum überwiegenden Teil nicht mehr übernehmen wollen oder können, dann würde das Unternehmen verkauft, denn dann hat die Familie kein Recht mehr auf das Unternehmen.

Sollte eine Unternehmerfamilie ihre Verantwortung für das Unternehmen nicht mehr übernehmen wollen, dann hat die Familie kein Recht mehr auf das Unternehmen.

Sven Keller

Anja Lehner (22)

LEHNER Maschinenbau GmbH | LEHNER Agrar GmbH

Generation:	*2. und 3. Generation*
Rolle in der Unternehmerfamilie:	*Nachfolgerin*
Mitarbeiteranzahl:	*30*
Gründung:	*1956 und 1989*

Anja stammt aus einem klassisch schwäbischen, innovativen, kleinen Familienunternehmen. Dieses hat zwei Standbeine: den Agrarhandel (vom Großvater gegründet) und den Maschinenbau (vom Vater gegründet). War und bleibt der Agrar-
handel stark regional verwurzelt, so orientiert sich der Maschinenbau global und
vertreibt als Nischen-Marktführer seine Streugeräte weltweit. Momentan leitet Vater Helmut Lehner beide Unternehmen. Anja ist Einzelkind und befindet sich noch
mitten in der Ausbildung. Schon früh hat sie in das Familienunternehmen hinein-
geschnuppert und arbeitet auch aktiv im Bereich Innovationen mit. Momentan ist
sie vor allem in der Start-up-Szene unterwegs, kann sich jedoch trotzdem die operative Nachfolge im Familienunternehmen sehr gut vorstellen.

Welche Verantwortung habe ich gegenüber dem Familien-
unternehmen und der Unternehmerfamilie?

Auch ohne irgendwelchen Druck von zu Hause zu haben, fühle ich mich doch irgendwie
verpflichtet, für das Familienunternehmen immer bereitzustehen. Das sieht man beispielsweise daran, dass ich bei der Ernteannahme helfe, wenn ich darum gebeten werde, obwohl
ich aktuell darauf nicht ganz so viel Lust habe. Wenn aber keine andere Person da ist, dann
springe ich natürlich ein.

Ja, ich fühle mich dem Familienunternehmen gegenüber schon verpflichtet.

Das klingt jetzt so negativ. Ich empfinde es aber als positiv. Denn ich habe die Möglichkeit,
Teil von etwas Besonderem zu sein und dafür auch ein bisschen Verantwortung tragen zu
dürfen.

Obwohl ich also in diese Verantwortung quasi hineingeboren bin und mich nie aktiv dafür
entschieden habe, empfand ich sie nie als Zwang. Denn ich bin trotz allem doch irgendwie
intrinsisch motiviert. Ich habe nämlich entdeckt, dass es mir Spaß macht. Mein Vater würde

es durchaus genauso akzeptieren, wenn ich mich für eine andere Karriere entscheiden würde. Aber ich sehe das Familienunternehmen als eine große Chance, denn es bietet mir in der Zukunft eine echte Perspektive. So habe ich zwar einerseits die Verantwortung dafür, andererseits ist es auch ein großes Geschenk. Das sehe ich schon als Privileg an.

Wenn ich mich frage, wie sich bei mir das Verantwortungsgefühl entwickelt hat, dann ist das wohl insbesondere über die Ferienjobs entstanden, die ich im eigenen Unternehmen übernahm, seit ich 12 Jahre alt bin. Denn ich brauchte immer Geld für mein Pferd: Wenn ich beispielsweise einen neuen Sattel wollte, dann haben mir meine Eltern den nicht einfach gekauft – den musste ich mir verdienen. So bin ich wohl über diese Ferienjobs so nach und nach in die Verantwortung hineingewachsen.

Obwohl ich in diese Verantwortung quasi hineingeboren bin und mich aktiv dafür entschieden habe, empfand ich sie nie als Zwang.

Anja Lehner

Bonita Grupp (32)

TRIGEMA Inh. W. Grupp e.K.

Generation:	*3. und 4. Generation*
Rolle in der Unternehmerfamilie:	*Geschäftsführung*
Mitarbeiteranzahl:	*1.200*
Gründung:	*1919*

TRIGEMA ist die Familie und die Familie ist TRIGEMA. Dies liegt nicht nur an der Nähe der Familie zum Unternehmen, denn Bonita ist mehr oder weniger im Familienunternehmen aufgewachsen, sondern auch an den Werten, die ihr vermittelt wurden. Nach ihrem Studium im Ausland ist Bonita 23-jährig in das Familienunternehmen eingestiegen, das auf der Schwäbischen Alb Bekleidung vollstufig herstellt und selbst vertreibt. Ihr Bruder folgte kurze Zeit später. Der Vater Wolfgang ist als eingetragener Kaufmann nach wie vor alleiniger Inhaber und Geschäftsführer von TRIGEMA. Bonita ist Mitglied der Geschäftsleitung und verantwortet die Bereiche Marketing, E-Commerce und Personal.

Welche Verantwortung habe ich gegenüber dem Familienunternehmen und der Unternehmerfamilie?

Natürlich trage ich Verantwortung gegenüber dem Unternehmen und der Familie. Man kann schließlich nicht die ganzen Vorteile und Möglichkeiten gerne annehmen, die das Familienunternehmen und die Unternehmerfamilie bieten, und nichts dafür geben und sich der Verantwortung einfach entziehen. Wenn man einmal die Verantwortung übernommen hat, dann ist das dauerhaft.

Die Verantwortung gegenüber einem Familienunternehmen und einer Unternehmerfamilie hat mehrere Aspekte: Wenn ich von innen nach außen gehe, dann hat man erstens eine Verantwortung gegenüber der eigenen Familie und der Tradition, also gegenüber dem Lebenswerk der Vorfahren und gegenüber den Nachkommen. Zum Zweiten gibt es die große Verantwortung gegenüber den Mitarbeitern und ihren Familien und damit hängt drittens die Verantwortung oft auch gegenüber einer ganzen Region zusammen, besonders wenn man lokal einer der großen oder der größte Arbeitgeber ist. Zum Vierten trägt man die Verantwortung gegenüber der Gesellschaft und muss dazu beitragen, nachhaltig zu produzieren, um nicht die Lebensgrundlage aller zu schädigen. Aus all diesen einzelnen Aspekten ergibt sich die Hauptverantwortung, nämlich dazu beizutragen, das Unternehmen voranzubringen, nicht still zu stehen, sondern ständig an allen Ecken und Enden zu schrauben, um es weiterzuentwickeln und stabil und positiv in die Zukunft zu führen. Nur so kann man der Verantwortung, die man als Mitglied einer Unternehmerfamilie trägt, auf lange Sicht gegenüber der Familie, den Mitarbeitern und der Region überhaupt gerecht werden.

Auch wenn dies durchaus herausfordernd ist und nicht zuletzt in Krisenzeiten wie der Corona-Pandemie an den Kräften zehrt, wurde mir diese Sichtweise von meiner Familie vorgelebt, weshalb ich mich ihr auch nicht entziehe, sondern sie bewusst und vor allem gerne trage.

Wenn einmal die Verantwortung übernommen wurde, dann ist das dauerhaft.

Bonita Grupp

Vanessa Weber (41)

Werkzeug WEBER GmbH & Co. KG

Generation:	*4. Generation*
Rolle in der Unternehmerfamilie:	*Geschäftsführung, Gesellschafterin*
Mitarbeiteranzahl:	*24*
Gründung:	*1948*

Als die 18-jährige Vanessa von ihrem Vater im Biergarten gefragt wurde: „Willst du die Firma übernehmen?", sagte sie aus einem Impuls heraus Ja. Und so übernahm sie mit 22 Jahren das Familienunternehmen. Werkzeug WEBER ist heute der führende Fachhändler für industrielle Werkzeuge im Rhein-Main-Gebiet.
Neben ihrer Tätigkeit als alleinige Geschäftsführerin ihres Familienunternehmens ist Vanessa Bloggerin, Fachautorin namhafter Publikationen und Influencerin rund um die Themen modernes Unternehmertum, Innovation und Führung.

Welche Verantwortung habe ich gegenüber dem Familienunternehmen und der Unternehmerfamilie?

Als ich die Nachfolge angetreten habe, war mir die Verantwortung, die ich damit eingegangen bin, durchaus sehr bewusst. Und zwar in zweierlei Hinsicht.

Zum einen fühlte und fühle ich mich gegenüber meiner Familie verantwortlich. Denn ich bin, seit ich den Betrieb übernommen habe, für die Versorgung der Familie zuständig: für meine Eltern, da es meinem Vater gesundheitlich nicht so gut geht, und auch für meinen Bruder, der im Moment nicht arbeitet und gesundheitlich auch relativ angeschlagen ist.

Zum anderen übernimmt man natürlich auch die Verantwortung für den Fortbestand des Familienunternehmens und vor allem die Verantwortung für die Mitarbeiter und deren Familien. Um das schultern zu können, muss man schon eine spezielle Persönlichkeit mitbringen. Deshalb sind Unternehmer ja auch ganz besondere Typen – finde ich zumindest. Sie tragen gern etwas zum großen Ganzen bei, wollen auch gesellschaftlich wirken, führen gerne und sagen den anderen, wo es langgeht, bringen gerne etwas voran, ziehen gerne andere Leute mit. Ohne solche Eigenschaften und Überzeugungen könnte man diese Verantwortung nie tragen.

Ich würde immer raten, sprecht es gut ab und schaut, ob die Führung des Familienunternehmens auch euer Wunsch ist, ob euch die Verantwortung dafür nicht zu groß ist. Wenn das nicht gegeben ist, dann geht es meistens in die Hose. Denn ob man es wahrhaben will oder nicht, mit dem Unternehmenserbe ist immer auch eine große Verantwortung verbunden. Deshalb sollte man sich meines Erachtens ganz bewusst entscheiden. Obwohl ich ja genau das Gegenbeispiel bin und mir überhaupt keine Zeit für die Entscheidung genommen hatte, habe ich es nie bereut, mich der Verantwortung zu stellen. Ich hatte Glück. Trotzdem würde ich das nur als ein schönes Beispiel dafür sehen, dass es zwar so auch funktionieren kann, aber ich würde es nicht unbedingt als Best Practice betrachten.

Ob man es wahrhaben will oder nicht, mit dem Unternehmenserbe ist immer auch eine große Verantwortung verbunden.

Vanessa Weber

Miriam Förch (27)

Theo FÖRCH GmbH & Co. KG

Generation:	*1., 2. und 3. Generation*
Rolle in der Unternehmerfamilie:	*Gesellschafterin*
Mitarbeiteranzahl:	*ca. 3.350*
Gründung:	*1963*

Das Familienunternehmen von Miriam ist ein internationales Handelsunternehmen mit einem B2B-Produktsortiment im Bereich Werkstatt-, Montage- und Befesti- gungsmaterial. Es verfolgt dabei eine Multi-Channel-Strategie, also Direktvertrieb über Außendienstmitarbeitende und Niederlassungen aber auch Online-Verkauf. Miriam zählt zur dritten Generation und ist Gesellschafterin. Aus ihrer Generation ist noch niemand operativ im Familienunternehmen tätig. Die Nachfolgefrage ist also offen.

Die operative Unternehmensführung erfolgt derzeit durch Fremdmanagement. Die Unternehmerfamilie ist im Beirat positioniert, der mit der Geschäftsführung vor allem die strategische Weiterentwicklung der Unternehmensgruppe eng abstimmt. Familienmitglieder des Beirats sind Miriams Vater als Beiratsvorsitzender, ihr Opa (Unternehmensgründer) sowie ihre Tante.

Welche Verantwortung habe ich gegenüber dem Familien- unternehmen und der Unternehmerfamilie?

Als Mitglied einer Unternehmerfamilie und potenzieller Nachfolger hat man eine sehr große Verantwortung – einfach aufgrund der Tatsache, dass man in eine Unternehmerfamilie hin- eingeboren wurde. Ob man das nun gut findet oder nicht, ob man das nun will oder nicht. Denn da geht es nicht nur um das eigene, persönliche Schicksal, sondern man hat mit dem Familienunternehmen auch die Verantwortung gegenüber allen Stakeholdern geerbt: Ver- antwortung gegenüber den Mitarbeitenden und deren Familien, gegenüber den Vorfahren, die das Unternehmen aufgebaut und denen, die es erfolgreich weitergeführt haben, gegen- über der jetzigen Unternehmerfamilie. Das sind ziemlich große Fußstapfen. Aber die sind einfach da. Ich sehe diese große Verantwortung gleichzeitig aber auch als etwas sehr Be- sonderes und Wertvolles an.

Um sich dieser großen Verantwortung erfolgreich zu stellen, hilft meines Erachtens nur absolute Ehrlichkeit und Aufrichtigkeit in der Familie. Denn sonst entstehen sehr leicht falsche Erwartungen. Ich glaube, eine wertschätzende, ehrliche, authentische Kommunikation innerhalb der Unternehmerfamilie ist total wichtig. Nur so wird die geerbte Verantwortung nicht zur belastenden Bürde, sondern man lernt einen guten und souveränen Umgang damit. Mir hilft dabei insbesondere die offene Kommunikation mit meiner Mutter. Sie arbeitet nicht im Unternehmen und hat dadurch einen für mich sehr wertvollen Blick von außen, kann also eine neutrale Perspektive einnehmen. Das hilft mir sehr, die geerbte Verantwortung gut einzuschätzen, sie anzunehmen und sie auch als Möglichkeit zu verstehen, den Mitarbeitenden, die immer das Herzstück des Unternehmens sind, etwas zurückzugeben.

Um sich der großen Verantwortung erfolgreich zu stellen, hilft nur absolute Ehrlichkeit und Aufrichtigkeit in der Familie.

Miriam Förch

Generationen-
dynamik

Wie gehen wir mit
Generationendynamiken in unserer
Unternehmerfamilie um?

Paul Lechner (23)

ZILLERTAL Bier Getränkehandel GmbH

Generation:	*16. Generation*
Rolle in der Unternehmerfamilie:	*Nachfolger*
Mitarbeiteranzahl:	*70*
Gründung:	*1500 (seit 1678 in Familienbesitz)*

Um die Spannungen nicht eskalieren zu lassen, achten wir darauf, dass wir so wenig Berührungspunkte wie möglich haben.

Paul Lechner

Paul entstammt einer langen Brauer-Dynastie, die seit 16 beziehungsweise 17 Generationen eine Brauerei mit Gasthaus besitzt und betreibt sowie das jahrhundertealte „Gauder Fest" mit jeweils 30.000 Besuchern im Mai jeden Jahres gemeinsam mit dem Tourismusverband, der Gemeinde und ortsansässigen Vereinen ausrichtet. Derzeit wird die Brauerei von seinen Eltern und das Hotel von seinem Onkel geführt, jedoch nimmt auch die Großmutter noch Einfluss. Paul hat einen Zwillingsbruder und noch zwei weitere Geschwister. Er schließt gerade sein Bachelorstudium ab und kann sich gut vorstellen, den Betrieb zu übernehmen, nachdem er externe Berufserfahrungen gesammelt hat.

Wie gehen wir mit Generationendynamiken in unserer Unternehmerfamilie um?

Bei uns handelt es sich sogar um eine Drei-Generationendynamik.

Meine Eltern und mein Onkel leiten die Unternehmen operativ. Aber meine Oma hält immer noch 100 % der Anteile und will Einfluss nehmen. Nachdem sie von meinem Vater aus dem operativen Geschäft hinausgeboxt wurde, ist das Verhältnis angespannt. Um die Spannungen nicht eskalieren zu lassen, wird darauf geachtet, dass sie so wenig Berührungspunkte wie möglich haben. Das ist ihr Umgang mit der Generationendynamik.

Ich habe eher ein Enkel-Verhältnis zu meiner Oma. Ich fahre mit ihr auf eine Alm oder auf einen Bauernhof. Wir haben eigentlich keine geschäftlichen Themen.

Mit meinen Eltern tausche ich mich allerdings schon über das Geschäft und die Kunden aus. Insbesondere die für uns schwierige Pandemie mit den Lockdowns und mit großen Umsatzeinbrüchen ist zwischen uns Thema. Und da merken wir dann schon, dass wir aus unterschiedlichen Generationen kommen und andere Vorstellungen haben. Meine Eltern zählen auf langjährige Kundenbeziehungen, während ich über Online-Marketing und einen frecheren, jüngeren Webauftritt Kunden zu generieren versuche. Da arbeiten wir in verschiedene Richtungen, wenn auch nicht gegeneinander, sondern mit dem gleichen Ziel.

So wie meine Oma und meine Eltern durch Vermeidung ihre Konflikte einigermaßen beherrschen, mache ich es auch. Es stört mich nämlich, dass meine Mutter immer so pessimistisch ist. Deshalb spreche ich mit ihr über viele Dinge überhaupt nicht, beispielsweise über den nächsten Corona-Winter. So versuche ich, Konflikte zu vermeiden. Genauso gehe ich mit meinem Vater um. Da er einen eher autoritären Führungsstil hat, weiche ich vielen Themen einfach aus.

Fritz Peters (39)

Gebrüder PETERS Gebäudetechnik GmbH

Generation:	*4. und 5. Generation*
Rolle in der Unternehmerfamilie:	*Geschäftsführung, Gesellschafter*
Mitarbeiteranzahl:	*870*
Gründung:	*1903*

Das Allerwichtigste ist, sich einzugestehen, dass es einfach Dynamiken zwischen Eltern und Kindern gibt.

Fritz Peters

Die 1903 gegründete Firma PETERS bietet heute sehr diversifizierte Leistungen rund um das Thema Gebäudetechnik an und installiert Wasserrohre genauso wie Brandschutz, Videoanlagen, Solartechnik, Fernheizung oder digitale smart-home-Lösungen etc. Das Unternehmen besitzt derzeit acht Standorte, zwei davon im Ausland. Fritz Peters wurde 2013 relativ plötzlich und unvorbereitet ins Familienunternehmen geholt, um einen ausgefallenen externen Niederlassungsleiter zu ersetzen. Neben Fritz arbeiten viele Mitglieder der Familie Peters im Unternehmen: Vater, Mutter, Bruder, eine Cousine und seine Frau. Gesellschafter sind aber nur Fritz, sein Bruder und der Vater.

Wie gehen wir mit Generationendynamiken in unserer Unternehmerfamilie um?

Generationendynamiken entstehen dadurch, dass man sich gegenseitig nicht genug anerkennt. Die Alten glauben, die Jungen haben noch zu wenig Erfahrung und die Jungen denken, die Alten wollen nicht loslassen. Das war bei uns ganz ähnlich, weshalb sich jeder auf seiner individuellen Spielwiese tummelte und sich dorthin zurückzog, obwohl die Firma ja das verbindende Element sein sollte.

Um bei den eigenen Standpunkten, Ideen, Meinungen auch in der anderen Generation mehr Gehör zu finden, ist es erstens wichtig, nicht sofort aufzugeben, schließlich höhlt ja bekanntlich steter Tropfen den Stein. Zweitens habe ich gute Erfahrung damit gemacht, sich Unterstützung von externen oder firmeninternen Experten zu holen. Denn es ist etwas ganz anderes, wenn die Kinder den Eltern etwas vermitteln wollen, als wenn es Experten tun. Zum Dritten kann man sich auch Unterstützer in der Familie suchen, um für die eigene Position mehr Rückhalt zu gewinnen. Das hat dann schon fast etwas Politisches an sich, wenn man in Einzelgespräch sozusagen Interessensverbündete sucht. Um sich den Respekt der Elterngeneration zu sichern, hilft es viertens auch, in enger Kommunikation mit den Führungskräften zu stehen und sich als deren Hauptansprechpartner anzubieten. Für mich gab es einen großen diesbezüglichen Wendepunkt, als wir vor zwei Jahren ein dreitägiges Meeting mit den wichtigsten Führungskräften veranstalteten, um Arbeitseinsätze, agiles Arbeiten, agile Methoden, Strategieerarbeitung, Digitalisierung etc. zu besprechen. Das haben meine Frau und ich geleitet, während meinen Eltern dann am Schluss nur die Ergebnisse präsentiert wurden.

Das Allerwichtigste ist aber, nicht davor zurückzuschrecken, sich einerseits einzugestehen, dass es Dynamiken zwischen Eltern und Kindern einfach gibt, und sich andererseits nicht zu scheuen, Hilfe zu suchen. Warum alles selbst machen, wenn es Experten gibt? So kommt man auf jeden Fall schneller auf die richtige Bahn. Und das ist wichtig, denn schließlich geht es ja letztlich um die Zukunft der Familie und um die Zukunft der Firma.

Niklas Kurz (30)

WEFRA Life Corporate GmbH

Generation:	*3. und 4. Generation*
Rolle in der Unternehmerfamilie:	*Geschäftsführung (Chief Operating Officer)*
Mitarbeiteranzahl:	*180*
Gründung:	*1933*

Ich werde immer wieder als Vermittler zwischen den Generationen bemüht – in der Familie und im Unternehmen.

Niklas Kurz

WEFRA ist eine auf den Gesundheitssektor spezialisierte Kommunikationsagentur. Das Unternehmen wurde 1933 von Gunther Toepfer gegründet, 1941 von Claire Haack übernommen und wird heute in der dritten, beziehungsweise vierten Familiengeneration von dem geschäftsführenden Gesellschafter Matthias Haack und dem Geschäftsführer Niklas Kurz geleitet. Niklas Kurz, Sohn von Ariane Haack-Kurz, die als Gesellschafterin dem Unternehmensbeirat vorsitzt, ist 2020 als erster Next-Gen in das Familienunternehmen im Innovation Hub eingestiegen und arbeitet nun in der WEFRA Life Corporate.

Wie gehen wir mit Generationendynamiken in unserer Unternehmerfamilie um?

Obwohl es bei uns im Unternehmen teilweise sehr geregelte Governance-Strukturen gibt und wir beispielsweise in Steering Commitees alle sechs Wochen unsere neuen Themen der älteren Generation und Geschäftsführung vermitteln, gibt es keine formalisierten Strukturen innerhalb unserer Unternehmerfamilie, wie man Themen anspricht.

Bei uns herrscht deshalb eine ziemlich familiäre Kommunikation zwischen den Generationen in der Unternehmerfamilie. So habe ich gegenüber der älteren Generation immer noch eine fordernde und herausfordernde Rolle. Außerdem gehe ich oft bewusst über die privaten und nicht die geregelten Wege, um meine Themen zu platzieren. Ich spreche einfach mit meiner Mutter als Mutter und mit meinem Onkel als Onkel und nicht als jüngerer Mitarbeiter mit den Vorgesetzten.

Selbst wenn man möglicherweise denken könnte, dies sei nicht gerade professionell, funktioniert das bei uns ziemlich gut.

Da es bei uns nicht nur in der Familie eine Generationendynamik gibt, sondern auch im Unternehmen, und ich mit meinen jüngeren Kollegen offen, transparent, nahbar und als Teammitglied arbeite, während sich die ältere Geschäftsleitung schon oft relativ distanziert verhält, werde ich auch immer wieder als Sprachrohr oder als Vermittler zwischen den Generationen benutzt – manchmal bewusst, manchmal unbewusst. Da ich aber eben den familiären Zugang zur älteren Vorgesetzten-Generation habe, funktioniert das ganz gut. Da dies zielführend ist, scheint es mir weder unprofessionell noch falsch, sondern einfach ein individueller und für uns guter Weg, mit den vorhandenen Generationendynamiken umzugehen.

Thomas Diehl (30)

Thomas und Rainer DIEHL GbR | DIEHL Dienstleistung GmbH | DIEHL Gastronomie GmbH | DIEHL Investment GmbH | Thomas DIEHL UG

Generation:	*2. und 3. Generation*
Rolle in der Unternehmerfamilie:	*Geschäftsführung, Gesellschafter*
Mitarbeiteranzahl:	*5*
Gründung:	*1972*

Bei uns gibt es eine Generationendynamik nicht nur innerhalb unserer Unternehmerfamilie, sondern in der gesamten Branche.

Thomas Diehl

Thomas Diehl ist in einer Winzerfamilie als Einzelkind aufgewachsen. Zunächst wollte er aber vom familieneigenen Weingut nichts wissen. Deshalb studierte er andere Fächer, arbeitete in anderen Branchen und lebte in vielen anderen Ländern. Aber trotz oder gerade wegen dieser Distanz bemerkte er allmählich immer deutlicher, wie sehr er das ökonomisch fragile familieneigene Weingut liebt und wie sehr er doch Unternehmer sein möchte. So hat er die Entscheidung getroffen, das Familienunternehmen zu übernehmen, es aber nicht nur als Weingut zu verstehen, sondern als Zentrum für verschiedene weitere unternehmerische Aktivitäten. Heute besitzt Thomas das Familienweingut, vier von ihm gegründete Firmen und ist Unternehmer aus vollem Herzen.

Wie gehen wir mit Generationendynamiken in unserer Unternehmerfamilie um?

Bei mir gibt es nicht nur eine Generationendynamik innerhalb unserer Unternehmerfamilie, sondern innerhalb der gesamten Branche. Ich gelte dort mit meinen neuen Ideen als Paradiesvogel und werde mit Spitznamen belegt wie BWLer-Winzer, Herr Promi-Winzer oder Skandal-Winzer.

Wie gehe ich aber mit diesen Generationendynamiken um? Ich unterscheide da zwischen der Seniorgeneration meiner Familie und der der Branche. Mit Letzterer bin ich nicht so zimperlich und zeige ihnen (indirekt), was sie vielleicht auch anders machen könnten. Mit meinen Eltern gehe ich wertschätzend um. Zum einen vermittle ich ihnen, dass ich genau weiß, wie groß ihre Leistung für das Unternehmen war und ist. Und wenn ich tatsächlich einen neuen und für sie schmerzlichen Weg gehen will, weil ich davon überzeugt bin, dann argumentiere ich fundiert, verschriftliche und visualisiere meine Ideen, bringe einleuchtende Beispiele, um sie inhaltlich abzuholen und mitzunehmen. Ich mache beispielsweise nicht einfach ein neues Wein-Etikett, sondern argumentiere mit Studien, die zeigen, dass im Supermarkt 95 % der Weine aufgrund des Etiketts gekauft werden.

Was hilft uns noch bei den Generationendynamiken? Wir haben unsere Aufgabengebiete abgegrenzt. Mein Vater ist für die Produktion zuständig und ich für den Vertrieb.

Zudem stammt mein bester Freund auch aus einer Winzerfamilie. Er ist eine Art Kreuz-Vertrauter. Er versteht sich nämlich sehr gut mit meinem Vater und ich verstehe mich mit seinem. So können wir über dieses Vertrauen gegenseitig über Kreuz Verständnis bei der anderen Generation erlangen.

Am Anfang war es für meine Eltern schwer, von der Branche belächelt zu werden, weil ich alles anders machte. Inzwischen tragen sie das Anderssein aber mit stolzgeschwellter Brust. Denn wir sind erfolgreich.

Johannes Bahlsen (34)

BAHLSEN GmbH & Co. KG

Generation:	*4. Generation*
Rolle in der Unternehmerfamilie:	*Mitglied des Verwaltungsrats*
Mitarbeiteranzahl:	*2.750*
Gründung:	*1889*

Ich habe festgestellt, dass man auf jedes komische Bauchgefühl hören sollte, denn dieses deutet oft auf ein unterschwelliges Misstrauen hin.

Johannes Bahlsen

Johannes begann sich schon früh mit dem Thema Familienunternehmen auseinanderzusetzen, obwohl für ihn bis heute unklar ist, ob und in welcher Form er eine operative Rolle bei BAHLSEN einnehmen möchte. Nichtsdestotrotz liegen ihm die Belange des Familienunternehmens sehr am Herzen.

Die gesamte Unternehmerfamilie, bestehend aus der Seniorgeneration und den drei Geschwistern von Johannes, erarbeitete für sich das WHY. Daraus ergab sich u. a. die Konsequenz, die Führungsstrukturen neu zu organisieren. Seither vertreten Johannes und sein Bruder die nächste Generation im Verwaltungsrat. Ihre Schwester Verena ist operativ ins Familienunternehmen eingestiegen.

Wie gehen wir mit Generationendynamiken in unserer Unternehmerfamilie um?

Generationendynamiken kann man nicht doktrinär oder mit der Bratpfanne lösen. Man muss sich gegenseitig abholen. Denn sonst geht die andere Generation zwar vielleicht an der Oberfläche mit, aber nicht vollumfänglich, was dann unweigerlich irgendwann doch zum Problem wird.

Verständlicherweise kann die größte Generationendynamik aus dem (Nicht-)Loslassen der Seniorgeneration entstehen. Loslassen geht meiner Erfahrung nach jedoch nur, wenn die Seniorgeneration volles Vertrauen in die neue operative Führung hat, egal ob diese familienintern oder -extern ist. Vertrauen lässt sich aber natürlich nicht verordnen, es muss sich entwickeln und wachsen.

Ich habe festgestellt, dass man auf jedes kleine Bauchgrummeln oder jedes nicht weiter beachtete, komische Bauchgefühl hören sollte, denn das deutet oft auf ein unterschwelliges Misstrauen hin. Wenn man es nicht beachtet, dann wächst es mit der Zeit und wird irgendwann unüberhörbar, egal bei welcher Generation. Ich glaube, diese Dynamik zwischen den Generationen, die ich bei uns beobachte, kennen viele Nachfolger.

Um unsere Generationendynamiken in den Griff zu bekommen und geordnete Diskussionen – gerade bei offenen Problemen oder Herausforderungen – zu ermöglichen, arbeiten wir häufig mit Moderatoren. Wichtig ist, dass diese von beiden Generationen anerkannt und akzeptiert sind, dann sind sie der Schlüssel zu zielgerichteten Diskussionen.

Anna Friedrich (33)

DOMICIL Hotelgesellschaft mbH | AMBASSADOR Hotel- und Gaststättenbetriebs- und Beratungsgesellschaft mbH

Generation:	*1. und 2. Generation*
Rolle in der Unternehmerfamilie:	*Geschäftsführung, Gesellschafterin*
Mitarbeiteranzahl:	*60*
Gründung:	*1984*

Ich frage mich, ob unsere Generationsdynamik nicht einfach ein Management-Konflikt ist.

Anna Friedrich

Anna stieg 2021 als Geschäftsführerin in den familieneigenen Hotelbetrieb in Kassel ein, nachdem sie sieben Jahre lang externe Erfahrungen in der Beratung von Hotelinvestoren in London gesammelt hatte. Zunächst konnte sich Anna nicht vorstellen, in eine deutsche Stadt ohne Metropolcharakter zurückzukehren. Am Ende war und ist die Identifikation mit dem Familienunternehmen aber stärker gewesen. Die Eltern haben keines ihrer vier Kinder bedrängt, das Familienunternehmen weiterzuführen. Trotzdem hat sich Anna, die Älteste, dafür entschieden, und auch die Jüngste kann sich das gut vorstellen. Wie eine Geschäftsführung der beiden Schwestern aussehen könnte, soll gemeinsam erarbeitet werden. Im Moment führen Anna und ihr Vater die Hotels.

Wie gehen wir mit Generationendynamiken in unserer Unternehmerfamilie um?

Als ich kürzlich mal wieder meinen Unmut äußerte, sagte mein Vater: „Du kommst hier rein und hinterfragst alles. Das ist auch für mich ganz schön anstrengend!" Tja, das nennt man wohl Generationendynamik. Bei uns entsteht diese wahrscheinlich hauptsächlich, weil mein Vater und ich uns auf der einen Seite sehr ähnlich sind und auf der anderen Seite sehr verschieden. Außerdem möchte ich mich an ganz vielen Stellen noch ausprobieren und neue Wege gehen; mein Vater hingegen führt den Betrieb seit fast 40 Jahren und muss sich nichts mehr beweisen. Allerdings frage ich mich, ob unsere Generationendynamik nicht einfach einen Management-Konflikt darstellt. Denn natürlich können Konflikte entstehen, wenn es zwei gleichberechtigte Manager gibt und einer eine Entscheidung trifft, die der andere für ungünstig hält. Besonders, wenn einer dieser Manager lange alle Entscheidungen allein getroffen hat.

Aber wie gehen wir denn nun mit diesen Generationendynamiken um?

Ich habe für mich drei Möglichkeiten entdeckt, unsere Generationendynamiken zu vermindern. Zum Ersten minimiere ich Konfliktpotenzial, indem ich mich auf Bereiche konzentriere, in denen ich Stärken habe und die mein Vater nicht mehr angehen will. Das weite Feld der Digitalisierung ist so ein Bereich. Natürlich gibt es dann Schnittstellen zwischen seinen traditionell geführten und meinen neu organisierten Bereichen (beispielsweise zwischen einer digitalisierten Dienstplanung und einer traditionellen Lohnabrechnung). Da entsteht dann trotzdem Reibung. Zum Zweiten ist es wichtig, im Gespräch zu bleiben und zu verstehen, warum etwas so ist, wie es ist, und warum es eigentlich ganz gut läuft. Deshalb fordere ich, Dinge zu besprechen, was mittlerweile auch mein Vater tut. Zu guter Letzt braucht es Zeit und Geduld, bis sich jeder an die neuen Rollen gewöhnt hat. Das gelingt uns nach fast einem Jahr nun immer besser.

So nehme ich viel Dynamik aus dem Zusammenspiel zwischen unseren Generationen.

Zusammenhalt

Wie kann ich den Zusammenhalt
in unserer Unternehmerfamilie
positiv beeinflussen?

Julia Ledermann (35)

EDDING AG

Generation:	*2. und 3. Generation*
Rolle in der Unternehmerfamilie:	*Beiratsvorsitzende*
Mitarbeiteranzahl:	*ca. 650*
Gründung:	*1960*

Das Familienunternehmen EDDING entwickelt im Rahmen seines Purpose „We care so that you dare to be who you are" Produkte und Dienstleistungen zum gestalterischen und arbeitsbegleitenden Ausdruck mit Farbe auf Oberflächen – dazu zählen Stifte, Marker, Farbspray, Tattoofarben sowie digitale Kommunikationslösungen. Julia wurde dort mit 18 Jahren Gesellschafterin. Um besser zu verstehen, wie Unternehmen funktionieren und welche Rolle ihr als Eigentümerin eines Unternehmens zukommt, studierte sie BWL und KMU-Management. Recht früh vertraute ihr der Großvater dann die Rolle als Vorsitzende des Gesellschafterausschusses an. Später wurde sie über diese Funktion auch Beirätin. Julia unterstützt aus der Gesellschafter- und Beiratsrolle heraus die Entwicklung des Unternehmens EDDING und fördert den Zusammenhalt in der Unternehmerfamilie.

Wie kann ich den Zusammenhalt in unserer Unternehmer-familie positiv beeinflussen?

Wir haben einen guten Zusammenhalt in unserer Unternehmerfamilie, denn mein Großvater hat uns allen irgendwie EDDING-Tinte ins Blut gekippt. Wie er das geschafft hat, weiß ich nicht ganz genau, aber ich ziehe immer noch den Hut vor ihm. Denn auf jeden Fall übertrug er uns seine Leidenschaft für EDDING. Und jetzt gilt es, den Zusammenhalt auch ohne ihn zu festigen.

Ich denke, das Wichtigste sind jetzt für unseren Zusammenhalt gemeinsame positive Erlebnisse in der Großfamilie. Wir feiern schon immer alle zusammen das Weihnachtsfest, bei dem auch die erweiterte Familie dabei ist, also auch die Partner und Kinder. Und dann haben wir einen Family-Activity-Day, bei dem alle Gesellschafter (und wer aus der Familie sonst noch möchte) etwas gemeinsam machen, zum Beispiel einen Kochkurs. Außerdem haben wir noch explizit für den Gesellschafterkreis einen Education-Day, mit dem wir Gesellschafter-Kompetenz stärken. Aber wir haben eben auch mindestens viermal im Jahr eine Gesellschafterversammlung. Mit diesen Terminen entsteht einerseits eine gewisse Häufigkeit über das Jahr, andererseits ist das ja nicht wirklich eng getaktet. Außerdem haben wir vor Corona auch noch viele Geburtstage gemeinsam gefeiert, auch wenn das eher optional war. Ich glaube, man sollte die ganzen Treffen nicht erzwingen, sondern vielmehr sehen, dass sie Spaß machen und jeder so sein darf, wie er ist. Die Häufigkeit der Zusammenkünfte ergibt sich dann ganz automatisch.

Alle diese Gelegenheiten ermöglichen nicht nur gemeinsame schöne und positive Erlebnisse, sondern haben das Ziel, in einen echten Austausch treten zu können. Und da geht es nicht nur um den Austausch über Firmenangelegenheiten, sondern eben auch über viele weitere und auch persönliche Themen. Ich glaube, deshalb fällt es dann auch leichter, sich über Unternehmensthemen auszutauschen und auch mal kritische Themen zu diskutieren. So entsteht eine breitere Basis, uns die Tinte im Blut zu erhalten.

Wir haben einen guten Zusammenhalt in unserer Unternehmerfamilie, denn mein Großvater hat uns allen irgendwie EDDING-Tinte ins Blut gekippt.

Julia Ledermann

Dr. Jana Hauck (34)

Weingut HAUCK GbR

Generation:	*3. Generation*
Rolle in der Unternehmerfamilie:	*Geschäftsführung, Gesellschafterin*
Mitarbeiteranzahl:	*5*
Gründung:	*1982*

Jana Hauck schrieb ihre Dissertation zum Thema Family Business und wurde dafür an der Zeppelin Universität promoviert. Obwohl alles nach einer wissenschaftlichen Karriere aussah, entschied sie sich, nach Hause zurückzukehren und nach einer einjährigen Probephase das elterliche Weingut zu übernehmen. Mittlerweile ist Jana staatlich geprüfte Technikerin für Weinbau & Önologie. Sie hat drei Geschwister, die weder im Familienunternehmen arbeiten noch am Unternehmen beteiligt sind. Jana leitet derzeit das Weingut gemeinsam mit ihren Eltern.

Wie kann ich den Zusammenhalt in unserer Unternehmerfamilie positiv beeinflussen?

Kommunikation, Kommunikation, Kommunikation.

Information, Information, Information.

Gemeinsame Zeit. Ja, Zeit einräumen – das ist, glaube ich, auch ein ganz wichtiger Punkt. Gerade wenn man erwachsen wird. Jeder gründet seine eigene Familie und hat seinen eigenen Lebensentwurf. Trotzdem sollte noch genug Zeit füreinander bleiben. Man muss sie sich bewusst nehmen und gegebenenfalls eben auch voneinander einfordern.

Durch die Pandemie haben wir uns die letzten beiden Jahre wirklich wenig innerhalb der Familie gesehen. Aber wir haben neue Wege gefunden: Wir haben jetzt öfters sonntags einen WhatsApp-Familien-Call. Das ist eigentlich ganz nett: Was macht ihr alle so? Was machen die Kinder so? Es geht aber auch um inhaltliche Themen. Außerdem versuchen wir, dass wir uns alle paar Monate treffen, auch ohne Angeheiratete oder ohne Kinder, so dass man wirklich nur in der Kernfamilie zusammen ist. Wenn man genug Zeit füreinander hat und miteinander verbringt, dann kommuniziert man auch und tauscht Informationen aus. Das stärkt den Zusammenhalt.

Nichtsdestotrotz habe ich vor Kurzem doch wieder eine spannende Erfahrung gemacht: Meine Schwester fragte mich etwas, von dem ich dachte, das sei seit Jahren klar. Eine rein inhaltliche Frage über die Beteiligung. Sie ist Ärztin und hat mit diesen ganzen betriebswirtschaftlichen Dingen nicht so viel am Hut. Es war eine reine Basisfrage, die zeigte, dass sie zwei Jahre lang wahrscheinlich von einer völlig anderen Faktenlage ausgegangen war. Ich war verwundert, denn wir hatten mehrmals darüber gesprochen – bis ich verstand, dass mündliche Kommunikation wohl nicht immer genügt.

Deshalb wollen wir ab jetzt manche Dinge auch schriftlich festhalten und in Zukunft Protokoll über Abmachungen oder Informationen führen. So können alle noch einmal nachlesen, für sich verstehen und hinterher dann auch erinnern. Das ist für eine Familie sehr formalisiert und gewöhnungsbedürftig, aber es hilft auch, Konflikte zu vermeiden. So lernen wir als Familie immer wieder dazu und müssen an unserem Zusammenhalt ständig arbeiten.

Gemeinsame Zeit. Zeit einzuräumen – das ist ein ganz wichtiger Punkt.

Jana Hauck

Natalie Kleine (30)

Schreinerei RAUSCHENDORFER GmbH

Generation:	*3. und 4. Generation*
Rolle in der Unternehmerfamilie:	*Mediatorin (Beirat)*
Mitarbeiteranzahl:	*ca. 30*
Gründung:	*1939*

Die Schreinerei RAUSCHENDORFER wurde 1939 von Alfons Rauschendorfer am Bodensee gegründet. Das Unternehmen wird heute von Ralf Rauschendorfer in der dritten Generation operativ geführt. Mit dem Bruder von Natalie, Nico Rauschendorfer, ist jedoch bereits die vierte Generation in das Familienunternehmen operativ eingestiegen. Bisher haben immer die Söhne in der Familie die Schreinerei übernommen.

Natalie Kleine besitzt eine eher informelle Rolle im Familienunternehmen, da sie eine Art Beiratsfunktion innehat. Dies bedeutet, dass sie zwischen ihrem Vater und ihrem Bruder als Mediatorin fungiert und den Nachfolgeprozess begleitet. Sie plant nicht, eine operative Funktion im Unternehmen zu übernehmen.

Wie kann ich den Zusammenhalt in unserer Unternehmerfamilie positiv beeinflussen?

In unserer Unternehmerfamilie könnte der Zusammenhalt durchaus gefährdet sein, weil sich meine Eltern trennten. Aber das ist überhaupt nicht der Fall. Allerdings ist das auch kein Selbstläufer. Ich unternehme viel, um dem entgegenzuwirken und den Zusammenhalt positiv zu beeinflussen. Und das mit sehr gutem Erfolg.

Zum einen bin ich in unserer Unternehmerfamilie auf jeden Fall eine Vermittlerin, die bei Problemen zwischen meinem Vater und meinem Bruder, dem Nachfolger, angerufen wird. Meist geht es darum, beide dazu zu bringen, die Dinge offen anzusprechen. Kommunikation ist nämlich nicht gerade ihre Stärke. Und wenn dann alles mit mir als Vermittlerin ausgesprochen ist, finden wir meist eine gute Lösung für beide.

Zum Zweiten bin ich auch eine aktive „Zusammenbringerin". Ich bin immer diejenige, die irgendwelche Family-Events organisiert, damit alle zusammenkommen und sich verbunden und als Familie wohlfühlen. Wenn ich das nicht machen würde, gäbe es niemanden, der das übernimmt. Zwar kommen immer alle gern und genießen das Zusammensein, aber wenn sich niemand darum kümmert, gibt es das nicht. Ich bin davon überzeugt, dass die gemeinsam verbrachte Zeit unserem Zusammenhalt extrem guttut. Und genau deshalb verstehen wir uns in unserer Unternehmerfamilie gut und fühlen uns verbunden und stehen füreinander ein.

Ich glaube, es sollte in jeder Unternehmerfamilie jemanden geben, der sich für den Zusammenhalt verantwortlich fühlt und dessen Aufgabe es ist, alles Divergierende abzufangen und eine gute Kommunikation miteinander zu fördern. Da sollte man nicht auf die anderen hoffen, sondern sich selbst dieser Rolle des Kümmerers annehmen, sonst macht es nämlich niemand.

In jeder Unternehmerfamilie sollte es jemanden geben, der sich für den Zusammenhalt verantwortlich fühlt.

Natalie Kleine

Dina Reit (29)

SK LASER GmbH

Generation:	*1. und 2. Generation*
Rolle in der Unternehmerfamilie:	*Prokuristin*
Mitarbeiteranzahl:	*15*
Gründung:	*2005*

SK LASER mit Sitz in Wiesbaden ist seit 2005 Hersteller von Lasersystemen für die Industrie. Dina Reit wollte nicht in das Familienunternehmen einsteigen, obwohl – oder gerade weil – sie schon früh im Unternehmen mitgearbeitet hat, wenn es zeitlich möglich war. Nach weniger guten Erfahrungen in einem völlig anderen Bereich hat sie allerdings erkannt, wie gut ihr im Grunde das eigene Maschinenbauunternehmen gefällt, und hat sich dann doch mit voller Überzeugung dafür entschieden. Seit 2019 ist sie dort in der Geschäftsführung tätig und leitet gemeinsam mit ihrem Vater das Unternehmen. Dina hat eine Schwester, die aber kein Interesse am Unternehmen zeigt.

Wie kann ich den Zusammenhalt in unserer Unternehmerfamilie positiv beeinflussen?

Das Wichtigste für den Zusammenhalt in der Unternehmerfamilie ist echte Familienzeit. So paradox es klingt, aber gerade die Zeit, die man als Familie zusammen verbringt, in der nicht über die Firma gesprochen wird, die schweißt in meinen Augen besonders zusammen. Genau das stärkt den Zusammenhalt.

Wir machen beispielsweise mindestens einmal im Jahr Urlaub mit der Großfamilie. Da sind wir dann einfach als Familie unterwegs. Außerdem machen wir alle zwei bis drei Wochen ein Familienessen bei meinen Eltern oder bei uns. Dabei gibt es dann ganz normale Familiengespräche. Ich denke, es ist wichtig, dass man nicht immer nur eine Unternehmerfamilie ist, sondern einfach auch einmal eine ganz normale Familie.

Das ist dann eine sehr gute Basis. Denn als Unternehmerfamilie ist es essenziell, dass alle großen Unternehmensentscheidungen gemeinsam getroffen werden.

Als ich ins Unternehmen einstieg, ist diese Entscheidung beispielsweise nicht einfach irgendwie von mir oder von meinem Vater getroffen worden, sondern meine Schwester wurde bewusst einbezogen und nach ihren Bedürfnissen, ihrer Meinung und ihren Vorstellungen gefragt.

Ein ganz großes Thema beim Zusammenhalt ist natürlich auch das Gerechtigkeitsempfinden. Würde sich beispielsweise meine Schwester ungerecht behandelt fühlen, weil ich ja eine Zukunft in der Firma habe und sie nicht, dann würde das den Zusammenhalt empfindlich stören. Deshalb ist es auch wichtig, dass meine Eltern sich darüber im Klaren sind, wie die Nachfolge geregelt und damit auch das Erbe aufgeteilt werden soll – und dass das dann auch kommuniziert und mit uns besprochen ist.

Um den Zusammenhalt in der Unternehmerfamilie positiv zu unterstützen, muss man also ständig an der Vertrautheit arbeiten, alle bei wichtigen Fragen einbeziehen und unbedingt verhindern, dass sich Familienmitglieder ungerecht behandelt fühlen.

Ein ganz großes Thema beim Zusammenhalt ist das Gerechtigkeits- empfinden.

Dina Reit

Dr. Timm Mittelsten Scheid (53)

VORWERK SE & Co. KG

Generation:	*5. Generation*
Rolle in der Unternehmerfamilie:	*Gesellschafter, Beirat*
Mitarbeiteranzahl:	*ca. 13.000 Festangestellte und ca. 48.000 Berater*
Gründung:	*1883*

VORWERK wurde in Wuppertal als Teppichfabrik gegründet. Heute produziert das Unternehmen Staubsauger, Küchenmaschinen, Kosmetik, betreibt eine Bank und investiert Venture Capital in junge Gründerteams. Der Gesamtumsatz beträgt 3,2 Mrd. Euro. Das Unternehmen wird derzeit von 30 Gesellschaftern gehalten, von drei angestellten Geschäftsführern geleitet und von einem achtköpfigen Beirat kontrolliert. Timm wuchs in einer politisch eher linksgerichteten Familie auf und stellte als Jugendlicher plötzlich fest, dass er zum „Klassenfeind" zählte. Mittlerweile engagiert er sich als Beirat zum Wohle der Firma und damit zum Wohle der Mitarbeiter. Er war maßgeblich an der Transformation von einer patriarchalen zu einer dezentraleren, eigenverantwortlicheren Unternehmensorganisation beteiligt.

Wie kann ich den Zusammenhalt in unserer Unternehmerfamilie positiv beeinflussen?

Spontan würde ich sagen: reden, reden, reden und: Wissen fördern, Wissen fördern, Wissen fördern. Denn der Zusammenhalt ist immer dann gefährdet, wenn man nicht (mehr) miteinander spricht. Oft sind daran alte Konflikte in der Generation davor schuld, Machtkämpfe, eingespielte Verhaltensmuster oder unreflektierte mentale Modelle. Um den Zusammenhalt zu fördern, muss man sich dies alles bewusst machen. Aber wie?

Es hilft sicher, wenn man niederschwellige Angebote macht und zum Beispiel in Gesellschafterversammlungen einen Block über familienpsychologisches Wissen einbaut. Das ist zwar keine Raketenwissenschaft – und trotzdem unglaublich hilfreich. Wir alle sind viel zu fixiert auf Fach- und Firmenwissen. Aber das beste Fachwissen hilft nichts, wenn man sich in der Familie misstraut. Und das Vertrauen in der Familie wächst, wenn man um die Familiendynamiken weiß und damit umgehen kann. In unserer Familie haben wir Folgendes gemacht: Durch die Konflikte unserer Eltern hatten wir uns in der nächsten Generation sehr spät und kaum kennengelernt. Also initiierte ich ein Treffen meiner Generation, um gemeinsam zu überlegen, welche Verhaltensregeln uns von unseren Eltern vorgegeben sind und ob wir diese eigentlich richtig finden. Und dann trafen wir uns drei-, viermal im Jahr, meist ohne Protokoll. Dadurch haben wir uns kennengelernt und uns sprachfähig gemacht. Wir haben gelernt, die Konflikte unserer Eltern zu benennen und haben sie dann in die Ecke gestellt, weil sie ja mit uns eigentlich nichts zu tun haben, wir sie also auch nicht lösen können. Aber der wichtigste Punkt war, dass wir uns regelmäßig trafen. In einem zweiten Schritt haben wir die Jüngeren einbezogen und auch sie gefragt, in welcher Rolle sie sich sehen und wie sie sich die Firma vorstellen. Und erst nachdem wir das für uns geklärt hatten, haben wir das in einem dritten Schritt den Senioren vorgestellt und ihnen mitgeteilt, dass wir eine Familien-strategie erarbeiten wollen (was noch einmal viel Schweiß und Tränen und Blutvergießen bedeutete). Durch diese Maßnahmen ist es mir gelungen, den Zusammenhalt in der Familie zu stärken.

Der Zusammenhalt ist immer dann gefährdet, wenn man nicht mehr miteinander spricht.

Timm Mittelsten Scheid

Jan Keller (24)

BENSELER GmbH & Co. KG

Generation:	*2. und 3. Generation*
Rolle in der Unternehmerfamilie:	*NextGen*
Mitarbeiteranzahl:	*ca. 1.000*
Gründung:	*1961*

Das Familienunternehmen BENSELER ist ein Automobilzulieferer in der Region Stuttgart. Das Unternehmen wird derzeit von Jans Tante in der zweiten Generation geführt. Jan ist wie sein Bruder Sven abseits des Familienunternehmens aufgewachsen, steht diesem jedoch in seiner Funktion als NextGen sehr nahe. Die operative Nachfolge im Familienunternehmen ist zwar noch nicht geklärt, jedoch hat die Familie für alle familiären und unternehmerischen Belange ihre Familienmaximen definiert. Außerdem stellt die Familie der nächsten Generation Venture-Kapital zur Verfügung, um den jungen Mitgliedern zu ermöglichen, unternehmerisches Handeln zu erlernen. Jan engagiert sich derzeit hier zusammen mit anderen Familienmitgliedern der dritten Generation.

Wie kann ich den Zusammenhalt in unserer Unternehmerfamilie positiv beeinflussen?

Es ist ja allgemein bekannt, dass man die Mitglieder einer Unternehmerfamilie sowohl emotional als auch finanziell abholen sollte, damit sie sich als zusammengehörig empfinden. Dieser Einstellung möchte ich im Rahmen meiner Möglichkeiten nachgehen.

Was kann ich dazu beitragen?

Ich bin natürlich nicht derjenige, der das Geld austeilt und irgendwie versucht, alle auf diese Weise zu entlohnen.

Ich verteile den Lohn aber anderweitig: Ich versuche, immer positiv zu sein und lieber fünf Komplimente zu machen, bevor ich eine Kritik ausspreche. So helfe ich dabei, dass es innerhalb der Unternehmerfamilie einen guten Umgang miteinander gibt und die Familie das Unternehmen mit etwas Positivem assoziiert.

Wenn wir beispielsweise einen Familientag organisieren, dann versuche ich, dies mit anderen zusammen zu tun, auch wenn ich glaube, es würde schneller und einfacher gehen, wenn ich das allein erledigen würde. Aber so beziehe ich eben andere Familienmitglieder bewusst mit in die Gestaltung ein. Wenn sich jeder eingebunden fühlt, aktives Engagement zeigt, die Kommunikation und der Umgang untereinander gut sind, dann bleibt nicht nur die Familie zusammen, sondern dann können auf dieser Basis auch im Unternehmen Dinge vorangebracht werden.

Es ist bekannt, dass die Mitglieder einer Unternehmerfamilie sowohl emotional als auch finanziell abzuholen sind.

Jan Keller

Franz Schabmüller (37)

FRAMOS Holding GmbH

Generation:	*(1. und) 2. Generation*
Rolle in der Unternehmerfamilie:	*Geschäftsführung, Gesellschafter*
Mitarbeiteranzahl:	*1.100*
Gründung:	*1978*

Seit 2014 leitet Franz gemeinsam mit einem Fremdgeschäftsführer die Geschicke der FRAMOS Holding. Das Familienunternehmen ist ein Zulieferer für die Automobilindustrie und besteht mittlerweile aus neun verschiedenen Firmen an sieben Standorten mit unterschiedlichen operativen Schwerpunkten: Zerspanung von Klein-, Mittel- und Großserien, Montage komplexer Baugruppen, Oberflächenbeschichtung und -veredelung in Designqualität, Qualitäts- und Logistikdienstleistungen sowie Werkzeug- und Maschinenbau. Die Familie Schabmüller leitet das Unternehmen vor allem aus der Eigentümerfunktion heraus, da Franz das einzige operativ tätige Familienmitglied ist.

Wie kann ich den Zusammenhalt in unserer Unternehmerfamilie positiv beeinflussen?

Ich glaube, jede Unternehmerfamilie muss sich der Tatsache stellen, dass es aktive und nicht aktive Gesellschafter gibt und dass man trotz der daraus resultierenden unterschiedlichen Bedürfnisse an einem Strang ziehen muss, um die Firma gut zu führen.

Unsere Gesellschafterversammlungen waren anfangs immer sehr zahlengetrieben und weniger strategisch, was manche Gesellschafter störte. Deshalb führten wir neben den drei Gesellschafterversammlungen pro Jahr die sogenannten Gesellschafterbriefe ein, in denen viermal im Jahr die Zahlen der Unternehmensgruppe berichtet und weitere wichtige Themen behandelt und diese transparent und allgemeinverständlich dargestellt werden. Das allein genügt aber aus unserer Sicht nicht, den Zusammenhalt innerhalb der Unternehmerfamilie zu gewährleisten. Aus diesem Grund gibt es zusätzlich jährlich ein Familienunternehmerwochenende, an dem neben den Gesellschaftern selbst auch deren Partner und Kinder miteinbezogen werden. Einen halben Tag geht es dann um das Unternehmen, aber das restliche Wochenende ist dafür da, gemeinsam Zeit zu verbringen. So erzeugen wir eine positive Stimmung. Und die ist vor allem wichtig, wenn es einmal schlechter läuft. In guten Zeiten ist es leicht, alle hinter sich zu haben. Schwierig wird es immer dann, wenn es ruckelt. Dann zeigt sich, ob der Zusammenhalt vorhanden ist und wir es geschafft haben, eine prinzipiell positive Grundeinstellung in der Unternehmerfamilie zu erzeugen. Wenn diese vorhanden ist, dann ist auch eine Basis dafür geschaffen, dass man unangenehme Dinge ansprechen kann. Ich glaube, genau das müssen die jungen Mitglieder der Unternehmerfamilie lernen, nämlich andere Vorstellungen zu benennen und anzusprechen und nicht zu denken, dass sich das von selbst legen wird. Natürlich muss dabei auch das Timing stimmen. Es gibt immer Zeiten, wo Leute für Feedback empfänglich sind, und andere, wo es überhaupt nicht passt. Dann kommt es nämlich nicht an und kann sogar das Gegenteil erzeugen.

Die Basis für den Zusammenhalt in der Unternehmerfamilie ist meines Erachtens also eine prinzipiell positive Grundstimmung. Mit ihr lassen sich die meisten Schwierigkeiten bewältigen.

Die Basis für den Zusammenhalt in der Unternehmerfamilie ist eine prinzipiell positive Grundstimmung.

Franz Schabmüller

Marie-Luise (30)
und Katharina Raumland (28)

Sekthaus RAUMLAND GmbH

Generation:	*1. und 2. Generation*
Rolle in der Unternehmerfamilie:	*Nachfolgerinnen*
Mitarbeiteranzahl:	*15*
Gründung:	*1984*

Die Schwestern Marie-Luise und Katharina sind Sekt-Winzerinnen mit Herz und Seele. Bevor sie dies wurden, studierten beide BWL. Marie-Luise schloss ein Weinbaustudium in Montpellier (Frankreich) an, während Katharina Weinbau und Önologie in Geisenheim studierte. Nachdem beide bei renommierten Weingütern im In- und Ausland Erfahrung gesammelt hatten, kehrten sie in den Familienbetrieb zurück und widmen sich seither voller Leidenschaft gemeinsam mit ihren Eltern der Sektherstellung. Marie-Luise ist vor allem für den Vertrieb und das Marketing verantwortlich, während Katharina die meiste Zeit in den Weinbergen und im Weinkeller verbringt.

Wie kann ich den Zusammenhalt in unserer Unternehmerfamilie positiv beeinflussen?

Wir haben einen starken Zusammenhalt innerhalb der Familie. Wir sind privat wie auch geschäftlich sehr eng miteinander verbunden, weshalb wir uns blind aufeinander verlassen können.

Aber wieso ist das so bei uns?

Das passiert fast automatisch, weil wir hier alle an einem Ort wohnen und weil wir tagtäglich gemeinsam zu Mittag essen. Aber allein die Gelegenheit des gemeinsamen Mittagessens genügt nicht, auch wenn sie natürlich förderlich ist. Der eigentliche Grund für unseren guten Zusammenhalt ist die positive Einstellung gegenüber der Familie. Und die haben selbst unsere Ehemänner, die ja erst später dazugekommen sind. Auch ihnen ist es sehr wichtig, dieses Familienleben zu leben und den Zusammenhalt zu fühlen und zu fördern.

Die treibende Kraft hinter diesem Familienzusammenhalt ist sicherlich unsere Mutter. Sie ist diejenige, die uns zusammenhält und immer wieder Vorschläge für gemeinsame Aktivitäten macht. Sie bringt die Familie proaktiv zusammen.

Ein solcher Zusammenhalt ist trotzdem kein Selbstläufer. Basis dafür ist der uneingeschränkte Respekt für die Entscheidungen und das Handeln der anderen Familienmitglieder. Außerdem hilft es, wenn jeder seinen eigenen Verantwortungsbereich hat. Kleine Entscheidungen können aus Effizienzgründen nicht gemeinsam getroffen werden. Wenn man sich gegenseitig zu viel dazwischenfunkt und zu häufig in die Quere kommt, vor allem wenn es um die alltäglichen Dinge geht, dann tut man sich keinen Gefallen. Entsprechend vertrauen wir uns gegenseitig zu 100 % und stimmen uns lediglich bei großen Entscheidungen oder wichtigen Themen ab.

Ein zentraler Aspekt unserer Zusammenarbeit ist das „disagree and commit". Wir diskutieren sehr viel, denn wir haben alle unterschiedliche Meinungen. Aber wenn eine Entscheidung gefallen ist, dann steht auch wirklich jeder dazu und hinterfragt das nicht wieder. Das führt am Ende zu einem tiefen Zusammengehörigkeitsgefühl.

Ein zentraler Aspekt unserer Zusammenarbeit ist das „disagree and commit".

Marie-Luise und Katharina Raumland

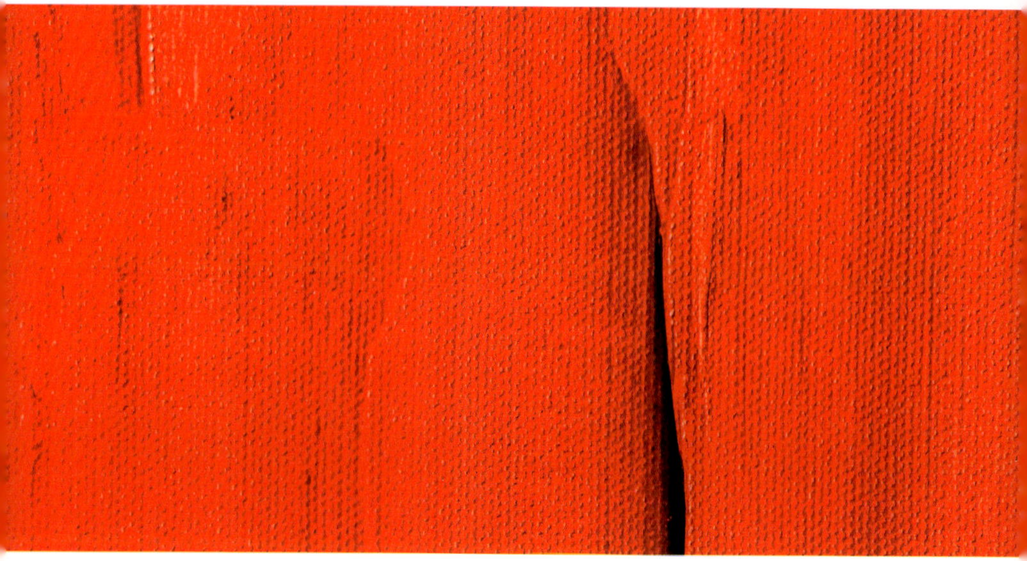

Geschwister-dynamik

Wie gehen wir mit Geschwisterdynamiken in der Unternehmerfamilie um?

Sven Keller (26)

BENSELER GmbH & Co. KG

Generation:	*2. und 3. Generation*
Rolle in der Unternehmerfamilie:	*NextGen*
Mitarbeiteranzahl:	*ca. 1.000*
Gründung:	*1961*

Das Familienunternehmen BENSELER ist ein Automobilzulieferer in der Region Stuttgart. Das Unternehmen wird derzeit von Svens Tante in der zweiten Generation geführt. Sven ist wie sein Bruder Jan abseits des Familienunternehmens aufgewachsen, steht diesem jedoch in seiner Funktion als NextGen sehr nahe. Die operative Nachfolge im Familienunternehmen ist zwar noch nicht geklärt, jedoch hat die Familie für alle familiären und unternehmerischen Belange ihre Familienmaximen definiert, welche das Miteinander klar regeln. Sven engagiert sich derzeit hier zusammen mit anderen Familienmitgliedern der dritten Generation.

Wie gehen wir mit Geschwisterdynamiken in der Unternehmerfamilie um?

Mein Bruder und ich sind wie beste Freunde. Wir haben eine sehr enge Beziehung auf Augenhöhe. Zwar gibt es immer wieder etwas Konkurrenzkampf, aber der hat bei uns eine positive Dynamik. Wir wollen immer auf dem gleichen Stand sein. Wenn einer einen Niveauvorsprung hat, dann ist es meistens so, dass der andere nachzieht. Also spornen wir uns durch diesen irgendwie doch vorhandenen Konkurrenzgedanken gegenseitig an und machen uns nicht gegenseitig fertig. Wir kritisieren uns nämlich in der Regel konstruktiv und pushen uns so vorwärts.

Dies gelingt uns, weil wir immer darauf achten, miteinander fair umzugehen. Wir haben natürlich keine Brüderverfassung und geben uns auch nicht einmal jährlich über einen Fragebogen Feedback, sondern das gegenseitige Verständnis und der Respekt voreinander läuft irgendwie zwischen den Linien. Aber wir haben eine Familienverfassung. Und die hilft uns auch als Brüder. Denn dort sind die Regeln eines fairen Umgangs miteinander festgeschrieben. Diese haben wir total verinnerlicht. Ich glaube allerdings, das war bei uns eigentlich schon immer so.

Sven Keller

Klar hat jeder seine Stärken und Schwächen. Irgendwann haben wir aber kapiert, dass das eigentlich sogar ein Vorteil ist.

Um sich aber nicht nur im Familienkontext, sondern auch im Kontext des Unternehmens als Brüder so gut zu verstehen, half uns auch, dass wir viel gemeinsam auf entsprechenden Kongressen, Seminaren, Fortbildungen o. ä. unterwegs waren und dort auch zusammen unser Unternehmen präsentierten. Dabei ist dann fast das Wichtigste, dass man auf den Autofahrten oder bei den Hotelübernachtungen im gleichen Zimmer Möglichkeiten zu Gesprächen hat, in denen man die eigenen Rollen und Meinungen gemeinsam reflektieren kann. Und dann wird so lange darüber gesprochen, bis auf jeden Fall beide Meinungen verstanden werden.

Klar hat jeder seine Stärken und Schwächen. Irgendwann haben wir aber kapiert, dass das eigentlich sogar ein Vorteil ist. Denn man kann die Schwächen gegenseitig ausgleichen und die Stärken bewusst einsetzen.

So sind wir als Brüder gemeinsam unglaublich stark.

Paul Lechner (23)

ZILLERTAL Bier Getränkehandel GmbH

Generation:	*16. Generation*
Rolle in der Unternehmerfamilie:	*Nachfolger*
Mitarbeiteranzahl:	*70*
Gründung:	*1500 (seit 1678 in Familienbesitz)*

Paul entstammt einer langen Brauer-Dynastie, die seit 16 beziehungsweise 17 Generationen eine Brauerei mit Gasthaus besitzt und betreibt sowie das jahrhundertealte „Gauder Fest" mit jeweils 30.000 Besuchern im Mai jeden Jahres gemeinsam mit dem Tourismusverband, der Gemeinde und ortsansässigen Vereinen ausrichtet. Derzeit wird die Brauerei von seinen Eltern und das Hotel von seinem Onkel geführt, jedoch nimmt auch die Großmutter noch Einfluss. Paul hat einen Zwillingsbruder und noch zwei weitere Geschwister. Er schließt gerade sein Bachelorstudium ab und kann sich gut vorstellen, den Betrieb zu übernehmen, nachdem er externe Berufserfahrungen gesammelt hat.

Wie gehen wir mit Geschwisterdynamiken in der Unternehmerfamilie um?

In unserer Unternehmerfamilie gibt es mehrere Geschwisterdynamiken: Das Verhältnis meiner Mutter zu ihrem Bruder, das Verhältnis zwischen meinem Zwillingsbruder und mir und das Verhältnis von uns vier Geschwistern untereinander. Ich kann hier nicht alle Geschwisterdynamiken aufdröseln, aber ich will zumindest die Hauptaspekte nennen.

Meine Mutter und mein Onkel verstehen sich grundsätzlich sehr gut. Das Problem ist nur, dass meine Mutter versucht, meinen Onkel bei der strategischen Ausrichtung des Hotels zu unterstützen, mein Onkel dies aber als Einmischung interpretiert, was dann durchaus zu Streit führen kann. Andererseits spricht meine Mutter die wirklich heiklen Themen nicht an – wie die Tatsache, dass sie die Haupterbin sein wird. Ja, das Tabuisieren und das Nichtansprechen ist bei ihr und meinem Onkel der Umgang mit ungelösten Problemen, weil das sonst eine große Dynamik entwickeln könnte.

Bei mir selbst ist es mit meinen Geschwistern so: Ich verstehe mich leider mit meinem Zwillingsbruder überhaupt nicht. Das ist schon von klein auf so gewesen. Schon in Kindergarten-

Paul Lechner

Wir haben unsere Geschwisterrivalität durch Kontaktvermei- dung irgendwie in den Griff bekommen.

tagen haben wir uns ständig gestritten. Mittlerweile geraten wir zwar nicht mehr aneinander, aber wir pflegen eigentlich auch keinen Kontakt mehr. Wir haben also unsere Geschwisterrivalität durch Vermeidung irgendwie in den Griff bekommen. Wenn wir aber die Kontaktvermeidung als Strategie des Umgangs beibehalten, dann wäre es die logische Konsequenz, dass für uns als Unternehmerfamilie die Lösung nur darin bestehen kann, dass sich einer zurücknehmen muss und das Unternehmen verlässt beziehungsweise keine Ansprüche darauf erhebt. Das passt auch zu unserem Erbfolgemuster, nach dem nur einer das Unternehmen übernimmt und fortführt, um es zusammenzuhalten. Vielleicht sind genau daraus unsere Rivalität und gegenseitige Abneigung entstanden. Denn bei Zwillingen gibt es ja keinen wirklich älteren Sohn. Mit meinen kleineren Geschwistern verstehe ich mich gut. Da gibt es keine Rivalitäten. Aber die sind ja in Bezug auf das Unternehmen aufgrund unserer Erbfolgeregelung auch keine Konkurrenz.

Anna Friedrich (33)

DOMICIL Hotelgesellschaft mbH | AMBASSADOR Hotel- und Gaststättenbetriebs- und Beratungsgesellschaft mbH

Generation:	*1. und 2. Generation*
Rolle in der Unternehmerfamilie:	*Geschäftsführung, Gesellschafterin*
Mitarbeiteranzahl:	*60*
Gründung:	*1984*

Anna stieg 2021 als Geschäftsführerin in den familieneigenen Hotelbetrieb in Kassel ein, nachdem sie sieben Jahre lang externe Erfahrungen in der Beratung von Hotelinvestoren in London gesammelt hatte. Zunächst konnte sich Anna nicht vorstellen, in eine deutsche Stadt ohne Metropolcharakter zurückzukehren. Am Ende war und ist die Identifikation mit dem Familienunternehmen aber stärker gewesen. Die Eltern haben keines ihrer vier Kinder bedrängt, das Familienunternehmen weiterzuführen. Trotzdem hat sich Anna, die Älteste, dafür entschieden, und auch die Jüngste kann sich das gut vorstellen. Wie eine Geschäftsführung der beiden Schwestern aussehen könnte, soll gemeinsam erarbeitet werden. Im Moment führen Anna und ihr Vater die Hotels.

Wie gehen wir mit Geschwisterdynamiken in der Unternehmerfamilie um?

Wir sind vier Geschwister. Wir haben ein enges und gutes Verhältnis zueinander. Und trotzdem können sich Geschwisterdynamiken entwickeln.

Bei uns war das so: Mein Vater hatte meinen Bruder und mich gefragt, ob wir uns eine Nachfolge vorstellen könnten. Mein Bruder antwortete zwar ausweichend, aber jeder wusste, dass dies ein solides Nein bedeutete, weil er in den USA lebt. Ich schloss damals eine Nachfolge kategorisch aus. Als aber dann mein Vater älter wurde, wurde mir klar, dass wir die Hotels verkaufen müssen, wenn es keinen Nachfolger gibt. Dabei war es für mich eine ganz komische Vorstellung, an den Hotels vorbeizugehen und nicht einfach reinspazieren zu können. Daneben wurde mir erst jetzt bewusst, wie viel Einfluss man tatsächlich als Unternehmerin hat. Also entschied ich mich, das Familienunternehmen fortzuführen. Diese Entscheidung tat ich dann auch meiner Familie kund. Mein Vater war natürlich froh und mein Bruder freute sich,

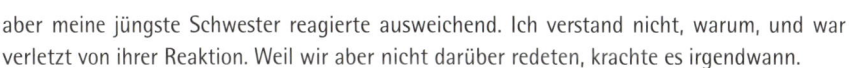

Anna Friedrich

Wir hatten verstanden, dass wir miteinander über unsere verletzten Gefühle reden mussten.

aber meine jüngste Schwester reagierte ausweichend. Ich verstand nicht, warum, und war verletzt von ihrer Reaktion. Weil wir aber nicht darüber redeten, krachte es irgendwann.

Wie haben wir das Problem gelöst?

Wir verstanden, dass wir miteinander über unsere verletzten Gefühle reden mussten. Einfach war das natürlich nicht. Wir haben dafür das sogenannte „Zwiegespräche mit Zeitlimit" gewählt: Jeder bekommt eine Redezeit von 15 Minuten, ohne vom anderen unterbrochen zu werden. Man ist also gezwungen, aktiv zuzuhören. So habe ich verstanden, dass meine Schwester auch von meinem Vater gefragt worden war und sich auf eine Nachfolge eingestellt hatte. Da sie davon ausgegangen war, dass ich das Unternehmen nicht übernehmen würde, entstand verständlicherweise der Eindruck, ich dränge mich dazwischen. Umgekehrt konnte ich deutlich machen, dass ich sie nicht verdrängen wollte, weil ich ihre Nachfolgebereitschaft gar nicht kannte. Jetzt wissen wir, dass wir beide intrinsisch motiviert sind, das Familienunternehmen fortzuführen. Deshalb wird es einen Weg geben, wie wir das gemeinsam schaffen.

Johannes Bahlsen (34)

BAHLSEN GmbH & Co. KG

Generation:	*4. Generation*
Rolle in der Unternehmerfamilie:	*Mitglied des Verwaltungsrats*
Mitarbeiteranzahl:	*2.750*
Gründung:	*1889*

Johannes begann sich schon früh mit dem Thema Familienunternehmen auseinanderzusetzen, obwohl für ihn bis heute unklar ist, ob und in welcher Form er eine operative Rolle bei BAHLSEN einnehmen möchte. Nichtsdestotrotz liegen ihm die Belange des Familienunternehmens sehr am Herzen.
Die gesamte Unternehmerfamilie, bestehend aus der Seniorgeneration und den drei Geschwistern von Johannes, erarbeitete für sich das WHY. Daraus ergab sich u. a. die Konsequenz, die Führungsstrukturen neu zu organisieren. Seither vertreten Johannes und sein Bruder die nächste Generation im Verwaltungsrat. Ihre Schwester Verena ist operativ ins Familienunternehmen eingestiegen.

Wie gehen wir mit Geschwisterdynamiken in der Unternehmerfamilie um?

„Das habe ich euch doch schon x-mal gesagt!", behauptet meine Schwester und wir fragen uns verwundert: „Wann und wie denn?" Immer wieder tappen wir in die klassische Kommunikationsfalle, dass A gesagt, aber B verstanden wird. Auch wenn ich weiß, dass das nicht nur bei uns so ist, hilft es kaum bei unseren emotionalen Geschwisterdynamiken.

Diese ergeben sich schon allein aus unseren unterschiedlichen Funktionen: Die ältere meiner beiden jüngeren Schwestern ist operativ im Unternehmen tätig, mein Bruder und ich sitzen im Verwaltungsrat, während meine jüngste Schwester geografisch weit entfernt eher eine Beobachterrolle innehat. Allein aus unseren unterschiedlichen Funktionen und damit Blickwinkeln ergibt sich Reibungspotenzial. Zudem sind wir auch noch charakterlich unterschiedlich, da meine Schwester die Belange des Unternehmens leidenschaftlich und dynamisch lebt, während mein Bruder der Beratertyp ist und somit eher sachlich strukturiert.

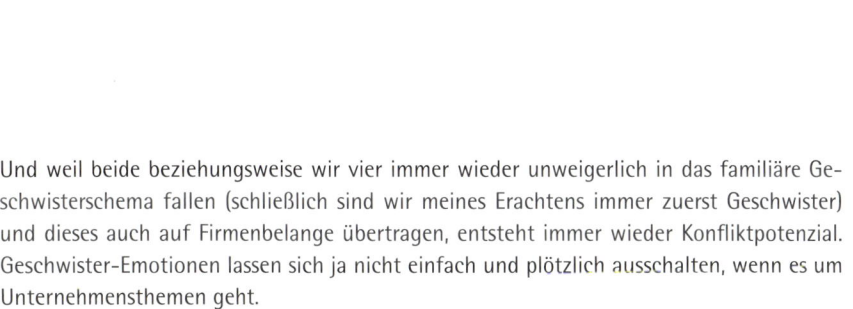

Johannes Bahlsen

Geschwister-Emotionen lassen sich nicht einfach und plötzlich ausschalten, wenn es um Unternehmens-themen geht.

Und weil beide beziehungsweise wir vier immer wieder unweigerlich in das familiäre Geschwisterschema fallen (schließlich sind wir meines Erachtens immer zuerst Geschwister) und dieses auch auf Firmenbelange übertragen, entsteht immer wieder Konfliktpotenzial. Geschwister-Emotionen lassen sich ja nicht einfach und plötzlich ausschalten, wenn es um Unternehmensthemen geht.

Ich befinde mich da irgendwie dazwischen und versuche zu verstehen und abzupuffern. Seit sich unsere jüngere Schwester in letzter Zeit ein bisschen mehr einbringt, hat sich das durch einen gewissen Perspektivwechsel auch positiv auf unsere Geschwisterdynamiken ausgewirkt. Am meisten hilft uns aber, dass wir Mediatoren und Coaches haben, die sehr beruhigend und versachlichend auf uns wirken, auch wenn sie die Themen natürlich nicht für uns lösen können.

Bonita Grupp (32)

TRIGEMA Inh. W. Grupp e.K.

Generation:	*3. und 4. Generation*
Rolle in der Unternehmerfamilie:	*Geschäftsführung*
Mitarbeiteranzahl:	*1.200*
Gründung:	*1919*

TRIGEMA ist die Familie und die Familie ist TRIGEMA. Dies liegt nicht nur an der Nähe der Familie zum Unternehmen, denn Bonita ist mehr oder weniger im Familienunternehmen aufgewachsen, sondern auch an den Werten, die ihr vermittelt wurden. Nach ihrem Studium im Ausland ist Bonita 23-jährig in das Familienunternehmen eingestiegen, das auf der Schwäbischen Alb Bekleidung vollstufig herstellt und selbst vertreibt. Ihr Bruder folgte kurze Zeit später. Der Vater Wolfgang ist als eingetragener Kaufmann nach wie vor alleiniger Inhaber und Geschäftsführer von TRIGEMA. Bonita ist Mitglied der Geschäftsleitung und verantwortet die Bereiche Marketing, E-Commerce und Personal.

Wie gehen wir mit Geschwisterdynamiken in der Unternehmerfamilie um?

Wir haben das Glück, dass mein Bruder und ich in vielen Bereichen ähnlich ticken. Wir waren immer sehr eng, haben sich überschneidende Freundeskreise und verstehen uns sehr gut. Wir wissen genau, wo die Stärken des anderen liegen. Ich kann nicht beurteilen, wie es ist, wenn man mehrere Geschwister hat oder altersmäßig sehr weit auseinander liegt oder wenn man komplett verschieden ist – aber bei uns funktioniert es einfach.

Auch wenn wir uns wirklich gut verstehen, streiten sich Geschwister natürlich auch manchmal. Dabei sind wir uns aber trotzdem immer soweit einig, dass ein Familienkonflikt auf keinen Fall nach außen oder ins Unternehmen getragen werden darf, wir ihn also immer intern bereinigen und mit einer Sprache nach außen sprechen.

Um Geschwisterkonflikte zu verhindern, haben wir ein paar Vorkehrungen getroffen:

Bonita Grupp

Mit einer Sprache zu sprechen, ist unser Umgang mit Geschwisterdynamiken.

Zum einen sitzen wir alle (auch meine Eltern) in einem Großraumbüro. Das diszipliniert. Außerdem tauschen mein Bruder und ich häufig Rundmails, Schreiben oder andere Verlautbarungen etc. vorab aus, um uns möglichst eng abzustimmen. Zudem kommunizieren wir sehr offen miteinander und geben uns ehrliches Feedback. Weil wir grundsätzlich ein tiefes Vertrauen zueinander haben, weisen wir uns gegenseitig offen auf Dinge hin, die man ändern sollte oder worauf man noch achten müsste. Wichtig ist in diesem Zusammenhang aber auch, dass wir sehr genau definierte Aufgabenbereiche haben. Natürlich gibt es manchmal Überschneidungen, aber prinzipiell ist der eigene Kompetenzbereich klar abgesteckt und von dem des anderen getrennt. Auch das hilft, Geschwisterkonflikte zu vermeiden.

Mit einer Sprache zu sprechen, ist unser Umgang mit Geschwisterdynamiken.

Hermann Leithold (33)

AGRICON GmbH

Generation:	*1. und 2. Generation*
Rolle in der Unternehmerfamilie:	*Geschäftsführung*
Mitarbeiteranzahl:	*60*
Gründung:	*1997*

AGRICON bietet Dienstleistungen für die Landwirtschaft an. Hier werden (digitale) Lösungsansätze entwickelt, um den Pflanzenanbau möglichst passgenau, individuell, effizient und ressourcenschonend zu gestalten. Hermann Leithold arbeitete schon parallel zu seinem agrarwissenschaftlichen Masterstudium als Entwicklungsleiter im Familienunternehmen. 2019 trat er dann neben seinem Vater in die Geschäftsleitung ein. Hermann hat drei Geschwister, die aber andere Lebensentwürfe verfolgen. Wie die Unternehmensanteile in die nächste Generation übertragen werden, ist bisher noch ungeklärt.

Wie gehen wir mit Geschwisterdynamiken in der Unternehmerfamilie um?

Wir sind als Geschwister doch recht unterschiedlich. Das sieht man auch in den Lebensentwürfen. Eine Schwester ist Yogalehrerin, die zweite macht eine medizinische Ausbildung, mein kleiner Bruder wird Gerüstbauer und ich übernehme die Führung unseres Familienunternehmens. Dabei geht jeder in seinem Beruf ganz auf.

Aufgrund der Unterschiedlichkeit der Lebensentwürfe bleiben natürlich Spannungen nicht aus. Diese zeigen sich ganz besonders in den verschiedenen Vorstellungen davon, was es bedeutet, Unternehmer und auch Arbeitgeber zu sein. Denn das in der öffentlichen Wahrnehmung gezeichnete Bild des Unternehmers (Geld) und des Arbeitgebers (Ausbeuter) hat Einfluss auf meine Geschwister, obwohl sie eigentlich alle nah am Unternehmen aufgewachsen sind.

Wir haben über die Zeit eine relativ klare Trennung zwischen dem Unternehmen und der passiven und nicht im Unternehmen arbeitenden Unternehmerfamilie entwickelt. Das ist für uns

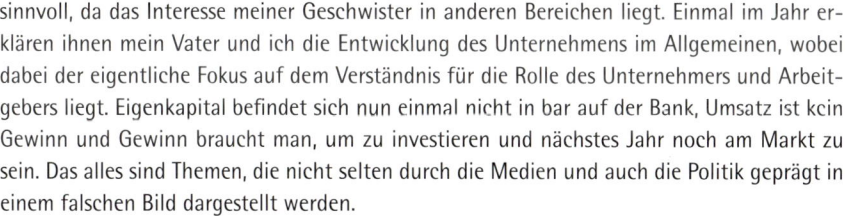

Hermann Leithold

Ich mache meinen Geschwistern regelmäßig Angebote, die ihnen die Teilhabe am Unternehmen ermöglichen – nicht im, sondern am Unternehmen.

sinnvoll, da das Interesse meiner Geschwister in anderen Bereichen liegt. Einmal im Jahr erklären ihnen mein Vater und ich die Entwicklung des Unternehmens im Allgemeinen, wobei dabei der eigentliche Fokus auf dem Verständnis für die Rolle des Unternehmers und Arbeitgebers liegt. Eigenkapital befindet sich nun einmal nicht in bar auf der Bank, Umsatz ist kein Gewinn und Gewinn braucht man, um zu investieren und nächstes Jahr noch am Markt zu sein. Das alles sind Themen, die nicht selten durch die Medien und auch die Politik geprägt in einem falschen Bild dargestellt werden.

Es braucht regelmäßige Angebote an meine passiven Geschwister, die ihnen die Teilhabe am Unternehmen ermöglichen – nicht im, sondern am Unternehmen. Nur durch den Austausch und das Verständnis für die unterschiedlichen Sichtweisen vermeidet man potenzielle Konflikte. Offene und klare Information und auch ein klein wenig Aufklärung sind unser Weg.

Natalie Kleine (30)

Schreinerei RAUSCHENDORFER GmbH

Generation:	*3. und 4. Generation*
Rolle in der Unternehmerfamilie:	*Mediatorin (Beirat)*
Mitarbeiteranzahl:	*ca. 30*
Gründung:	*1939*

Die Schreinerei RAUSCHENDORFER wurde 1939 von Alfons Rauschendorfer am Bodensee gegründet. Das Unternehmen wird heute von Ralf Rauschendorfer in der dritten Generation operativ geführt. Mit dem Bruder von Natalie, Nico Rauschendorfer, ist jedoch bereits die vierte Generation in das Familienunternehmen operativ eingestiegen. Bisher haben immer die Söhne in der Familie die Schreinerei übernommen.

Natalie Kleine besitzt eine eher informelle Rolle im Familienunternehmen, da sie eine Art Beiratsfunktion innehat. Dies bedeutet, dass sie zwischen ihrem Vater und ihrem Bruder als Mediatorin fungiert und den Nachfolgeprozess begleitet. Sie plant nicht, eine operative Funktion im Unternehmen zu übernehmen.

Wie gehen wir mit Geschwisterdynamiken in der Unternehmerfamilie um?

Bei uns gab es in den Vorgenerationen das „Thronfolgermuster". Deshalb sind mein Bruder und ich gar nicht auf die Idee gekommen, das Unternehmen gemeinsam zu übernehmen – auch wenn wir beide uns das jetzt gut vorstellen könnten. Dies liegt daran, dass wir eine sehr gute Geschwisterbeziehung haben. Das sah allerdings nicht immer so aus. Denn irgendwann gab es bei meinem Bruder das Gefühl, er sei ja „nur" Handwerker und ich habe es besser und mehr Ansehen als Akademikerin. Daraus hätte eine ziemlich ungute Dynamik entstehen können. Die haben wir aber in den Griff bekommen, indem wir über dieses Tabuthema offen redeten und aufhörten zu vergleichen. Das sagt sich so leicht. Wie ist das überhaupt möglich? Wir haben es geschafft, indem wir die Stärken des anderen suchten und anerkannten und die eigenen Schwächen zugaben. Ich finde es echt cool, was mein Bruder als Schreiner kann – das könnte ich nie. Und er weiß, dass er sich nicht zum Wissenschaftler eigenen würde.

Natalie Kleine

Gegenseitige ehrliche Wertschätzung und Leistungsbereitschaft sind bei uns die Schlüssel zu einer guten Geschwisterbeziehung.

Seit wir uns gegenseitig in den Stärken wertschätzen, vergleichen wir nicht mehr und es gibt auch keinen Neid, sondern wir fühlen uns verbunden und als gegenseitige Ergänzung. Daneben hilft wohl auch die Überzeugung, dass es immer darauf ankommt, was man selbst daraus macht. Dieses Leistungsprinzip galt bei uns schon immer. So haben wir früh unser eigenes Geld verdient, weshalb wir neidlos anerkannten, dass etwas dem anderen zusteht, weil er ja selbst dafür etwas geleistet hatte. Und diese Haltung überträgt sich jetzt auf die „ungleiche" Vererbung. Denn wir wissen erstens, Gleichheit ist gar nicht möglich, wenn einer beispielsweise das Unternehmen bekommt und der andere nur ein Grundstück, aber wir wissen zweitens auch, dass es darauf ankommt, was man daraus macht. Lange Rede, kurzer Sinn: Gegenseitige ehrliche Wertschätzung und Leistungsbereitschaft sind bei uns die Schlüssel zu einer guten Geschwisterbeziehung trotz ungleicher Voraussetzungen.

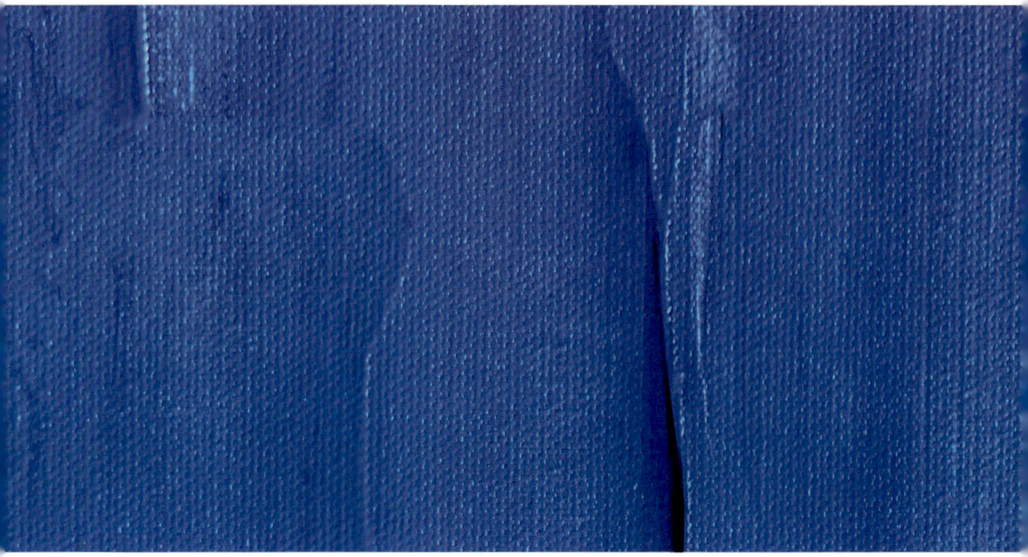

Verantwortung
für Familienunternehmen
Gemeinnützige Stiftung
EQUA

Krisen

Wie kann man mit Krisen im Familienunternehmen umgehen?

Dr. Jana Hauck (34)

Weingut HAUCK GbR

Generation:	*3. Generation*
Rolle in der Unternehmerfamilie:	*Geschäftsführung, Gesellschafterin*
Mitarbeiteranzahl:	*5*
Gründung:	*1982*

Krise bedeutet Unsicherheit. Es ist aber entscheidend, ob Unsicherheit prinzipiell als schlimm oder eher als positiver Kitzel empfunden wird.

Jana Hauck

Jana Hauck schrieb ihre Dissertation zum Thema Family Business und wurde dafür an der Zeppelin Universität promoviert. Obwohl alles nach einer wissenschaftlichen Karriere aussah, entschied sie sich, nach Hause zurückzukehren und nach einer einjährigen Probephase das elterliche Weingut zu übernehmen. Mittlerweile ist Jana staatlich geprüfte Technikerin für Weinbau & Önologie. Sie hat drei Geschwister, die weder im Familienunternehmen arbeiten noch am Unternehmen beteiligt sind. Jana leitet derzeit das Weingut gemeinsam mit ihren Eltern.

Wie kann man mit Krisen im Familienunternehmen umgehen?

Meine erste große Krise war die Coronakrise. Die hat mich zu Beginn ganz schön gestresst. Obwohl mein Vater angeblich früher auch nicht so entspannt gewesen ist wie heute, ging er damit viel ruhiger um als ich. Offensichtlich half ihm seine Lebens- und Krisenerfahrung. Krisenbewältigung in Familienunternehmen kann also bedeuten, sich die Erfahrung der Vorgänger zunutze zu machen – und das gibt es in anderen Unternehmensformen so nicht.

Wenn ich in Stress und damit verbundenen Aktionismus verfalle, hilft es mir persönlich, Dinge aufzuschreiben, zu strukturieren und dann Maßnahmen zu entwickeln. Dabei stellt sich dann meist heraus, dass es gar kein Riesenthema ist, sondern dass es eigentlich nur ein oder zwei kleine Fakten gibt, die mich verunsichern.

Zudem ist meines Erachtens die Einstellung zur Unsicherheit ein ganz wichtiger Punkt. Krise bedeutet ja immer Unsicherheit. Und da ist es dann schon entscheidend, ob man Unsicherheit prinzipiell als schlimm oder eher als positiven Kitzel empfindet. Eine unternehmerische Persönlichkeit reagiert auf Unsicherheit nicht mit Handlungsunfähigkeit, sondern sie wird dadurch eher in einen kreativen Modus versetzt, weil sie die Krise als Herausforderung begreift. Diese Einstellung ist Voraussetzung, um schnell handeln zu können. Und das ist in meinen Augen bei der Krisenbewältigung ganz wichtig.

Zu Beginn der Pandemie waren wir ziemlich schockiert, als die ersten Stornierungen von Händlern bei uns eintrafen, weil ja die Gastronomie im Coronalockdown geschlossen wurde. So etwas hatte es bei uns noch nie gegeben. Aber dann haben wir gehandelt. Zuerst stoppten wir die geplanten Investitionen, um die Liquidität zu sichern. Fast gleichzeitig schwenkten wir unseren Fokus auf das Privatkundengeschäft. Wir bauten einen Online-Shop auf, verschickten Newsletter und machten Aktionen für Privatkunden, denn die wollten ja jetzt im Lockdown zuhause ihren guten Wein trinken, wenn sie schon nicht ins Restaurant gehen konnten. Das hat ziemlich gut geklappt – schon hat sich das Blatt gewendet und wir konnten unseren Ausgabenstopp aufheben. Und jetzt sind wir durch das Privatkundengeschäft sogar von der ganzen Händlerdynamik viel unabhängiger. So hat für uns die Krise auf Dauer sogar Gutes gebracht. Wir haben sie produktiv genutzt.

Maximilian Roos (30)

**ROOS Vehicle Logistics GmbH |
SCHERM Gruppe**

Generation:	*2. und 3. Generation*
Rolle in der Unternehmerfamilie:	*Geschäftsführung, Gesellschafter*
Mitarbeiteranzahl:	*1650*
Gründung:	*1972 und 2018*

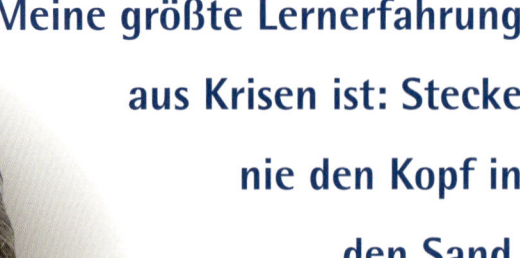

Meine größte Lernerfahrung

aus Krisen ist: Stecke

nie den Kopf in

den Sand.

Maximilian Roos

Maximilian würde seinen eigenen Weg nicht als klassischen Nachfolgeprozess beschreiben. Zunächst stieg er nämlich ohne Ausbildung und Studium als Azubi in das Familienunternehmen ein. Gleichzeitig fand aber der Generationswechsel von der ersten auf die zweite Generation statt, also von seiner Großmutter auf seinen Onkel. Um ein Kundenproblem in einer Sparte des Familienunternehmens zu lösen, gründete Maximilian 2018 sein eigenes Unternehmen. Derzeit wird diese Sparte des alten Familienunternehmens in seine neue Firma integriert.

Wie kann man mit Krisen im Familienunternehmen umgehen?

Es gibt natürlich verschiedene Krisen und daher auch unterschiedliche Auswirkungen von Krisen auf ein Unternehmen. Verständlicherweise muss man deshalb damit auch verschieden umgehen.

Allein die Coronakrise verlangt(e) uns unterschiedliche Krisenbewältigungsstrategien ab. In der ersten Pandemiewelle haben wir über Monate hinweg quasi keinen Umsatz gemacht, da wir stark von der Automobilindustrie abhängen und dort ein kompletter Lockdown die Produktion lahmlegte. Also war die Devise: einfrieren und dann, wenn es aufgeht, wieder auftauen. Eine solche Aus-An-Strategie ist relativ gut beherrschbar. Viel schwieriger war und ist es allerdings, mit der Folgekrise umzugehen, also mit der Verknappung von Halbleitern auf den internationalen Märkten und den unterbrochenen und eigentlich so resilient geglaubten Supply-Chains. Wir mussten lernen, dass wir nichts mehr planen können. Weil wir als Unternehmerfamilie nachhaltig denken, konzentrieren wir uns deshalb in dieser Krise darauf, kein Geld kaputtzumachen und die knappen Ressourcen sinnvoll einzusetzen. Wir bauen möglichst kein Personal ab, denn zum einen wissen wir, dass wir die Mitarbeiter brauchen, wenn es wieder weitergeht, und zum anderen haben wir auch die Verantwortung, sie nicht im Regen stehen zu lassen und zu unterstützen. Und zum Dritten investieren wir in Neues. Obwohl so eine Krise natürlich wahnsinnig viel Energie auf einmal fordert, muss man sie nutzen, um solche Sachen zu machen, zu denen man während des operativen Geschäfts nicht kommt, weil man vieles nicht umsetzen kann, wenn die Maschine mit Vollgas läuft.

Meine größte Lernerfahrung aus Krisen ist: Stecke nie den Kopf in den Sand. Ich bin nämlich überzeugt davon, der einzige Unterschied zwischen Erfolgreichen und Erfolglosen besteht darin, dass die Erfolgreichen in Niederlagen immer wieder aufstehen.

Dr. Timm Mittelsten Scheid (53)

VORWERK SE & Co. KG

Generation:	*5. Generation*
Rolle in der Unternehmerfamilie:	*Gesellschafter, Beirat*
Mitarbeiteranzahl:	*ca. 13.000 Festangestellte und ca. 48.000 Berater*
Gründung:	*1883*

Es gibt natürlich externe Krisen, aber auch hausgemachte. Wir hatten beides – glücklicherweise nacheinander.

Timm Mittelsten Scheid

VORWERK wurde in Wuppertal als Teppichfabrik gegründet. Heute produziert das Unternehmen Staubsauger, Küchenmaschinen, Kosmetik, betreibt eine Bank und investiert Venture Capital in junge Gründerteams. Der Gesamtumsatz beträgt 3,2 Mrd. Euro. Das Unternehmen wird derzeit von 30 Gesellschaftern gehalten, von drei angestellten Geschäftsführern geleitet und von einem achtköpfigen Beirat kontrolliert. Timm wuchs in einer politisch eher linksgerichteten Familie auf und stellte als Jugendlicher plötzlich fest, dass er zum „Klassenfeind" zählte. Mittlerweile engagiert er sich als Beirat zum Wohle der Firma und damit zum Wohle der Mitarbeiter. Er war maßgeblich an der Transformation von einer patriarchalen zu einer dezentraleren, eigenverantwortlicheren Unternehmensorganisation beteiligt.

Wie kann man mit Krisen im Familienunternehmen umgehen?

Es gibt natürlich externe Krisen, aber auch hausgemachte. Wir hatten beides – glücklicherweise nacheinander. Wäre die Pandemie zwei Jahre früher gekommen, hätte es uns kritisch treffen können. Aber der Reihe nach: Als unser geschäftsführender Gesellschafter altersbedingt aufhören musste, gab es bei uns eine massive Führungskrise. Denn ein Patriarch ist ja grundsätzlich unsterblich und braucht deshalb keine Nachfolger, ja, er verhindert jegliche Konkurrenz durch einen Nachfolger – sonst wäre er ja kein Patriarch. Also gab es niemanden, der folgen konnte. Und als der Patriarch dann ausschied, entstand zwangsläufig ein Machtvakuum. Wir in der Familie haben das relativ schnell verstanden und versucht, Verantwortung zu übernehmen. Aber wir haben dabei völlig übersehen, dass wir auch auf der Firmenseite (also im Beirat und in den oberen Führungsebenen) dafür sorgen müssen, dass sich dort das mentale Führungsmodell ebenfalls ändert.

Ein Beispiel: Im Mittelalter meinte man, die Welt sei eine Scheibe, jede andere Vorstellung wäre absurd gewesen. Genauso war es bei uns: Niemand im Unternehmen konnte sich vorstellen, dass es auch etwas anderes als eine patriarchale Führung gibt.

Mit viel Reflexion und Mühe aus der Familie und dem Beirat heraus und mithilfe externer Strategieberatung haben wir es geschafft, den Wechsel zu vollziehen. Nun wird auf allen Ebenen selbstverantwortlich gehandelt und niemand wartet auf Direktiven von oben. Im Februar 2020 hatten meine Cousins, Cousinen und ich erstmals das Gefühl: „Wir haben es geschafft." Und im März kam Corona. Der Zeitpunkt hätte nicht besser liegen können, denn die Krise hat die Kreativität unglaublich befördert und die Selbstverantwortung und Fehlertoleranz gestärkt, und so sind wir wahnsinnig gut durch die Krise gekommen.

Fazit: Interne Krisen müssen auf allen Ebenen gelöst werden. Externe Krisen überwinden Firmen relativ gut, bei denen das Geschäftsmodell und die Unternehmensorganisation funktionieren. Firmen, die ein unflexibles Geschäftsmodell haben und die intern fragil sind, können durch Krisen tatsächlich schnell kippen.

Franz Schabmüller (37)

FRAMOS Holding GmbH

Generation:	*(1. und) 2. Generation*
Rolle in der Unternehmerfamilie:	*Geschäftsführung, Gesellschafter*
Mitarbeiteranzahl:	*1.100*
Gründung:	*1978*

Schwimmt euch frei, aber verzichtet nicht auf die Erfahrungen der Vorgeneration.

Franz Schabmüller

Seit 2014 leitet Franz gemeinsam mit einem Fremdgeschäftsführer die Geschicke der FRAMOS Holding. Das Familienunternehmen ist ein Zulieferer für die Automobilindustrie und besteht mittlerweile aus neun verschiedenen Firmen an sieben Standorten mit unterschiedlichen operativen Schwerpunkten: Zerspanung von Klein-, Mittel- und Großserien, Montage komplexer Baugruppen, Oberflächenbeschichtung und -veredelung in Designqualität, Qualitäts- und Logistikdienstleistungen sowie Werkzeug- und Maschinenbau. Die Familie Schabmüller leitet das Unternehmen vor allem aus der Eigentümerfunktion heraus, da Franz das einzige operativ tätige Familienmitglied ist.

Wie kann man mit Krisen im Familienunternehmen umgehen?

Es gibt Krisen in der Familie und Krisen im Unternehmen.

Als Automobilzulieferer hat uns die Coronakrise hart getroffen. Im April 2020 war unser Umsatz über Nacht gleich Null. Das war meine erste große Unternehmenskrise. Hierbei war es wichtig anzuerkennen, dass die Seniorgeneration Krisenerfahrung hat, die man als Nachfolgegeneration nicht hat und die nur über Jahre oder Jahrzehnte hinweg erlernbar ist. Deshalb: Schwimmt euch frei, aber verzichtet nicht auf diese Erfahrungen der Vorgeneration.

Was haben wir also gemacht? Um der Unsicherheit – insbesondere im Gesellschafterkreis – zu begegnen, nahmen wir die vorhandenen Fragen und Ängste sehr ernst und versuchten, sie transparent und offen zu beantworten. Wir entwickelten zusammen mit unseren Führungskräften Best-Case- und Worst-Case-Szenarien und kommunizierten diese. Dabei ist wichtig, dass die Informationen vernünftig dosiert sind und die Leute nicht mit Informationen überhäuft werden, die sie gar nicht brauchen, sondern dass sie gut aufbereitet, regelmäßig, konsequent und vor allem transparent sind und die vorhandenen Befürchtungen berücksichtigen. Einen Gesellschafter interessierte beispielsweise vorwiegend, wie viel zusätzliche Liquidität womöglich benötigt wird, während sich andere Mitgesellschafter eher um das Wohl der Mitarbeiter sorgten. Zur Bewältigung von Unternehmenskrisen ist meines Erachtens also Transparenz und Offenheit oberstes Gebot.

Krisen in der Familie sind ganz anders. Da benötigt man vor allem Empathie, denn da spielen Emotionen eine noch viel größere Rolle. Bei solchen Krisen sollte man einfach nur Dinge tun, die man in einer familiären Beziehung eben tut, nämlich da sein und zuhören. Manchmal muss man aber auch fachlichen Rat anbieten oder manchmal ist die Herausforderung so groß, dass man eine externe Moderation braucht, um zu verhindern, dass Familienkrisen aufs Unternehmen durchschlagen. Das Wichtigste für die Krisenbewältigung ist – egal auf welcher Ebene –, ein Gefühl dafür zu entwickeln, wann etwas sinnvoll ist und wann nicht. Und deshalb sage ich noch einmal: Verzichtet nicht auf die Erfahrung der Seniorgeneration.

Anna Friedrich (33)

DOMICIL Hotelgesellschaft mbH | AMBASSADOR Hotel– und Gaststättenbetriebs– und Beratungsgesellschaft mbH

Generation:	*1. und 2. Generation*
Rolle in der Unternehmerfamilie:	*Geschäftsführung, Gesellschafterin*
Mitarbeiteranzahl:	*60*
Gründung:	*1984*

Am Ende gibt es in einer Krise nicht den richtigen Weg. Man sollte einfach das tun, was in der Situation am sinnvollsten erscheint.

Anna Friedrich

Anna stieg 2021 als Geschäftsführerin in den familieneigenen Hotelbetrieb in Kassel ein, nachdem sie sieben Jahre lang externe Erfahrungen in der Beratung von Hotelinvestoren in London gesammelt hatte. Zunächst konnte sich Anna nicht vorstellen, in eine deutsche Stadt ohne Metropolcharakter zurückzukehren. Am Ende war und ist die Identifikation mit dem Familienunternehmen aber stärker gewesen. Die Eltern haben keines ihrer vier Kinder bedrängt, das Familienunternehmen weiterzuführen. Trotzdem hat sich Anna, die Älteste, dafür entschieden, und auch die Jüngste kann sich das gut vorstellen. Wie eine Geschäftsführung der beiden Schwestern aussehen könnte, soll gemeinsam erarbeitet werden. Im Moment führen Anna und ihr Vater die Hotels.

Wie kann man mit Krisen im Familienunternehmen umgehen?

Drei Jahre Pandemie bedeuten für Hotels natürlich drei Jahre Krise. Wie geht man damit um?

Zuallererst muss man lernen, nicht mehr zu planen und stattdessen auf Sicht zu fahren. Das ist die einzige echte Antwort auf viel Unsicherheit und fehlende Planungssicherheit. Das ist aber natürlich nicht gerade das, was man als Unternehmer kann und gerne will. Im Gegenteil, ich bin ja gerade Unternehmerin, weil ich da ganz viel selbst entscheiden und beeinflussen kann. Und plötzlich ist man zwar nach wie vor für viele Dinge verantwortlich, aber man kann sie nicht mehr steuern, sondern fühlt sich teilweise ziemlich fremdbestimmt und machtlos. Wir saßen beispielsweise plötzlich ungewollt zwischen dem Gesetzgeber und seinen Regelungen auf der einen Seite und dem Gast auf der anderen, der das nicht wollte oder verstand, und hatten keine Möglichkeit, selbst etwas zu gestalten.

Obwohl wir also ohne Plan und Ziel auf kurze Sicht fahren mussten, habe ich trotzdem versucht, möglichst viele Informationen zu sammeln. Das gab mir dann wieder ein etwas sichereres Gefühl.

Außerdem war es mir wichtig, mich in der Krise mit anderen auszutauschen, sei es mit meinem Vater, Beratern oder anderen Unternehmern, um gemeinsam mit ihnen zu überlegen, welchen Weg wir einschlagen sollen. Natürlich darf man auch auf gar keinen Fall die Mitarbeitenden aus den Augen verlieren und muss ihren Sorgen und Fragen offen entgegentreten.

Am Ende gibt es in einer Krise, glaube ich jedenfalls, nicht den richtigen Weg. Aber man sollte einfach das tun, was in der Situation am sinnvollsten erscheint.

Larissa Zeichhardt (39)

LAT Gruppe

Generation:	*2. Generation*
Rolle in der Unternehmerfamilie:	*Geschäftsführung, Gesellschafterin*
Mitarbeiteranzahl:	*130*
Gründung:	*1969*

Wir sind der Meinung, dass es eigentlich immer mindestens zwei bis drei Wege oder Lösungen gibt.

Larissa Zeichhardt

Larissa arbeitete als Managerin in einem Weltkonzern und wollte eigentlich nicht in das Familienunternehmen einsteigen. Durch den plötzlichen Tod ihres Vaters kam es aber dann doch anders. Heute ist sie gemeinsam mit einer Schwester Geschäftsführerin von LAT. Die Unternehmensgruppe ist im Infrastrukturbau mit dem Schwerpunkt Elektromontage tätig. Sie bedient die Energiewirtschaft, das Gesundheitswesen und die Mobilitätsbranche. Zwei weitere Schwestern von Larissa sind Gesellschafterinnen.

Wie kann man mit Krisen im Familienunternehmen umgehen?

Krisen sind ja immer Zeiten von höchster Unsicherheit. Und die macht Angst. Um diese abzubauen und Sicherheit zu gewinnen, muss man Krisen üben. Deshalb bin ich ein großer Fan von diesem Spiel: „Was wäre, wenn…?" Und zwar in guten Zeiten und nicht erst, wenn die Krise aufbrodelt. Das heißt, wir spielen oft Worst-Case-Szenarien für Aspekte des Alltagsgeschäfts, aber auch für große, mächtige Themen durch.

Genau das hat uns gerettet, als mein Vater sehr plötzlich und völlig unerwartet starb. Denn wir hatten immer wieder durchgespielt: Was passiert eigentlich, wenn er, an dem alles hängt, umkippt? Und dann ist genau das passiert. Und wir hatten einen Ablaufplan, an den wir uns sehr stark gehalten haben. Wie kleine Roboter haben wir ihn abgearbeitet. Das hat uns geholfen, die Emotionen ein bisschen auszublenden und die Gedanken zu ordnen. Das hat uns Sicherheit gegeben.

Darüber hinaus sind wir der Meinung, dass es eigentlich immer mindestens zwei bis drei Wege oder Lösungen gibt. Die findet man aber natürlich nicht, wenn man im Gefühl der Angst und Unsicherheit gefangen ist. Da findet man keinen einzigen Weg. Hat man aber mehrere Möglichkeiten im Vorfeld über die Worst-Case-Szenario-Spiele aufgedeckt und kennt sie, verleiht das auch in der Krise Souveränität. Wir erarbeiten also für schlechte Szenarien quasi immer möglichst einen doppelten Boden, im Sinne von: Bestenfalls verläuft die Krise so und so, aber wenn es schlimmer kommt, dann haben wir auch noch diese Handlungsoption und wenn es ganz, ganz schlimm einschlägt, dann besitzen wir noch diesen Notnagel. Das nimmt die Angst vollkommen.

Das klingt jetzt alles so einfach, aber es benötigt ganz schön viel Mut, Worst-Case-Szenarien durchzuspielen. Keiner denkt ja gerne an schlechte Verläufe und redet dann auch noch darüber. Aber auffällig ist, dass alles in dem Moment, wo es ausgesprochen wird, nur noch halb so schlimm scheint.

Ich bin also tief davon überzeugt, dass Krisen Übungssache sind.